21世纪高等教育计算机规划教材

C++ 程序设计实践案例教程

Practice of C++ Programing Tutorial

朱晓凤 卢青华 陈鑫 王红勤 编著

张屹 王刚 主审

人民邮电出版社

北京

图书在版编目（CIP）数据

C++程序设计实践案例教程 / 朱晓凤等编著．－－北京：人民邮电出版社，2015.1（2020.2重印）
21世纪高等教育计算机规划教材
ISBN 978-7-115-38132-3

Ⅰ．①C… Ⅱ．①朱… Ⅲ．①C语言－程序设计－高等学校－教材 Ⅳ．①TP312

中国版本图书馆CIP数据核字（2015）第007867号

内容提要

本书是针对C++程序设计的相关课程编写的，从对象和类的角度来安排内容，共分为13个项目，其中10个项目是分别对应每个知识点的实践案例；另外3个项目是综合项目案例。每一个项目都包括基础知识、案例实训、习题及解析等部分。在每个项目案例里，都给出了例题和参考解答方法，然后提出思考题，让读者在模仿的基础上思考，从而提高学生的程序设计能力。

本书可作为高等院校计算机、软件工程专业本科生的教材，同时可供C++语言的初学者使用。

◆ 编　著　朱晓凤　卢青华　陈　鑫　王红勤
　主　审　张　屹　王　刚
　责任编辑　许金霞
　责任印制　沈　蓉　彭志环

◆ 人民邮电出版社出版发行　北京市丰台区成寿寺路11号
　邮编　100164　电子邮件　315@ptpress.com.cn
　网址　http://www.ptpress.com.cn
　北京七彩京通数码快印有限公司印刷

◆ 开本：787×1092　1/16
　印张：11.5　　　　　　　　　2015年1月第1版
　字数：301千字　　　　　　　2020年2月北京第4次印刷

定价：29.00元

读者服务热线：(010)81055256　印装质量热线：(010)81055316
反盗版热线：(010)81055315

前言

C++程序设计是软件开发等专业方向必修的程序设计基础课程之一。本书通过介绍 C++语言中面向对象编程技术，使学生了解高级程序设计语言的结构，掌握基本的程序设计过程和技巧，掌握基本的分析问题和利用计算机求解问题的能力，具备初步的高级语言程序设计能力，为以后的面向对象语言学习打好基础。

在学习 C++语言之前，读者应该已经学习过 C 语言编程，对编程有了一定的了解。C++是一种非常复杂的语言，所涵盖的内容非常广泛。有效使用这一语言最重要的关键是理解 C++各特性之间的互动关系。本课程的学习可使学生掌握 C++面向对象程序设计的基本概念和基本方法，掌握如何利用已经学会的工具来解决问题，也就是编程的方法论，培养学生以面向对象方法来分析、解决实际问题的能力，为后续课程的学习打下良好的基础。

C++语言是一种非常重要的编程语言，也是一门实践性很强的课程，因此实践实验是掌握这门语言的重要途径。对于学习者而言，一本具有丰富案例和详细实验指导的书是必不可少的。希望读者明白，语言只是工具，重要的是如何用这个工具解决你需要处理的问题，而不是把主要精力放在如何全面仔细地对工具进行研究。

本书是按照 C++各知识点的学习过程，并基于实践案例来进行编写的，所以每一部分都是以项目的方式编排的。

本书总共分为 13 个项目，其中 10 个项目是分别对应每个知识点的实践案例，另外 3 个项目是综合项目案例。每一个项目都包括基础知识、案例实训、习题及解析等部分。每一章节的内容包括知识点补充、习题、实验和思考题等部分，让学习者从各个方面加深对 C++语言的学习。

本书的特点在于，在每个项目案例里面，均给出了例题和参考解答方法，然后提出思考题，让读者在模仿的基础上思考，进而写出具有自己风格的代码。

本书在编写过程中得到了很多老师的帮助。其中在框架结构和内容安排上，张屹老师提出了建设性的意见。另外，王刚老师帮助联系出版社，并督促本书的编写进度。在此向他们表示衷心的感谢。

本书的编者有朱晓凤、卢青华、陈鑫和王红勤。在编写过程中，参考了大量文献资料，书中若有疏漏与不当之处，敬请广大读者批评指正。

编 者

2014 年 11 月

目 录

项目1 绪论 ... 1
1.1 基础知识 ... 1
1.1.1 基本概念 ... 1
1.1.2 编程规范 ... 2
1.2 实训——开发环境的搭建与简单程序实现 ... 3
1.2.1 实训目的 ... 3
1.2.2 实训内容与步骤 ... 3
1.2.3 实训总结 ... 7
1.3 习题及解析 ... 7
参考答案 ... 8
1.4 思考题 ... 8

项目2 类和对象 ... 9
2.1 基础知识 ... 9
2.1.1 类和对象 ... 9
2.1.2 函数 ... 10
2.1.3 UML简介 ... 12
2.2 实训——类和对象的应用 ... 14
2.2.1 实训目的 ... 14
2.2.2 实训内容与步骤 ... 14
2.2.3 实训总结 ... 32
2.3 习题及解析 ... 32
参考答案 ... 34
2.4 思考题 ... 34

项目3 构造函数和析构函数 ... 35
3.1 基础知识 ... 35
3.1.1 构造函数 ... 35
3.1.2 析构函数 ... 37
3.1.3 拷贝构造函数 ... 38
3.2 实训——构造函数与析构函数的应用 ... 38
3.2.1 实训目的 ... 38
3.2.2 实训内容与步骤 ... 38
3.2.3 实训总结 ... 50
3.3 习题及解析 ... 50
参考答案 ... 51
3.4 思考题 ... 52

项目4 静态成员和友元 ... 53
4.1 基础知识 ... 53
4.1.1 静态成员 ... 53
4.1.2 友元 ... 54
4.1.3 this指针 ... 55
4.2 实训——静态成员与友元的应用 ... 55
4.2.1 实训目的 ... 55
4.2.2 实训内容与步骤 ... 56
4.2.3 实训总结 ... 63
4.3 习题及解析 ... 63
参考答案 ... 64
4.4 思考题 ... 64

项目5 继承与派生 ... 65
5.1 基础知识 ... 65
5.1.1 类之间的关系 ... 65
5.1.2 继承 ... 66
5.1.3 派生 ... 67
5.1.4 多重继承 ... 67
5.2 实训——继承与派生的应用 ... 68
5.2.1 实训目的 ... 68
5.2.2 实训内容与步骤 ... 68
5.2.3 实训总结 ... 80
5.3 习题及解析 ... 80
参考答案 ... 83
5.4 思考题 ... 83

项目6 多态与抽象类 84

- 6.1 基础知识 84
  - 6.1.1 虚函数 84
  - 6.1.2 多态 84
  - 6.1.3 抽象类与纯虚函数 85
- 6.2 实训——多态与抽象类的应用 85
  - 6.2.1 实训目的 85
  - 6.2.2 实训内容与步骤 85
  - 6.2.3 实训总结 92
- 6.3 习题及解析 92
- 参考答案 94
- 6.4 思考题 94

项目7 I/O 流与文件 95

- 7.1 基础知识 95
  - 7.1.1 输入输出的格式控制 95
  - 7.1.2 文件 97
- 7.2 实训——I/O 流的应用 98
  - 7.2.1 实训目的 98
  - 7.2.2 实训内容与步骤 98
  - 7.2.3 实训总结 104
- 7.3 习题及解析 104
- 参考答案 105
- 7.4 思考题 105

项目8 异常 106

- 8.1 基础知识 106
- 8.2 实训——异常处理的应用 108
  - 8.2.1 实训目的 108
  - 8.2.2 实训内容与步骤 108
  - 8.2.3 实训总结 112
- 8.3 习题及解析 112
- 参考答案 113
- 8.4 思考题 113

项目9 运算符重载 114

- 9.1 基础知识 114
  - 9.1.1 运算符重载定义 114
  - 9.1.2 运算符重载的形式 115
- 9.2 实训——运算符重载的实现 116
  - 9.2.1 实训目的 116
  - 9.2.2 实训内容与步骤 116
  - 9.2.3 实训总结 121
- 9.3 习题及解析 121
- 参考答案 124
- 9.4 思考题 124

项目10 模板 125

- 10.1 基础知识 125
- 10.2 实训——模板的定义与使用 126
  - 10.2.1 实训目的 126
  - 10.2.2 实训内容与步骤 126
  - 10.2.3 实训总结 131
- 10.3 习题及解析 132
- 参考答案 133
- 10.4 思考题 133

综合案例一 学生信息管理系统 134

- 11.1 实训目的 134
- 11.2 实训的内容与步骤 134
- 11.3 实训总结 140
- 11.4 思考题 140

综合案例二 简单格斗游戏 141

- 12.1 实训目的 141
- 12.2 实训内容与步骤 141
- 12.3 实训总结 165
- 12.4 思考题 165

综合案例三 银行账户管理系统 166

- 13.1 实训目的 166
- 13.2 实训内容与步骤 166
- 13.3 实训总结 177
- 13.4 思考题 177

参考文献 178

项目 1
绪论

1.1 基础知识

1.1.1 基本概念

1. 面向过程与面向对象

C++语言作为当前主流的软件开发语言,包括过程性语言和类部分,也就是面向过程部分和面向对象部分,过程性语言部分与 C 并无本质的差别,C++语言完全兼容 C 语言。

"面向过程"是一种以过程为中心的编程思想,也可称之为"面向记录"编程思想,它们不支持丰富的"面向对象"特性(比如继承、多态),并且它们不允许混合持久化状态和域逻辑。面向过程程序设计是指分析出解决问题所需要的步骤,然后用函数把这些步骤一步一步实现,使用的时候一个一个依次调用就可以了。

"面向对象"(Object Oriented,OO)是一种以事物为中心的编程思想。面向对象的程序设计(Object-Oriented Programming,OOP)是指在程序设计中采用一种对现实世界理解和抽象的方法,"面向对象"是专指在程序设计中采用封装、继承、多态等设计方法。

2. Eclipse 平台

Eclipse 平台是一个开放源代码的、基于 Java 的可扩展开发平台。就其本身而言,它只是一个框架和一组服务,用于通过插件组件构建开发环境。幸运的是,Eclipse 平台附带了一个标准的插件集,包括 Java 开发工具(Java Development Kit,JDK)。在客户机平台上,Eclipse 使用插件来提供所有的附加功能,例如已经能够支持 C/C++(CDT)插件。

虽然大多数用户很乐于将 Eclipse 平台当作 Java 集成开发环境(IDE)来使用,但 Eclipse 平台的目标却不仅限于此。Eclipse 平台还包括插件开发环境(Plug-in Development Environment,PDE),这个组件主要针对希望扩展 Eclipse 平台的软件开发人员,因为它允许他们构建与 Eclipse 平台环境无缝集成的工具。由于 Eclipse 平台中的每样东西都是插件,对于给 Eclipse 平台提供插件以及给用户提供一致和统一的集成开发环境而言,所有工具开发人员都具有同等的发挥场所。

这种平等和一致性并不仅限于 Java 开发工具。尽管 Eclipse 是使用 Java 语言开发的,但它的用途并不限于 Java 语言,例如,支持诸如 C/C++、COBOL、PHP 等编程语言的插件已经可以使用,或预计将会推出。Eclipse 框架还可用来作为与软件开发无关的其他应用程序类型的基础,比如内容管理系统。

　　Eclipse 的设计思想是：一切皆插件。Eclipse 核心很小，其他所有功能都以插件的形式附加于 Eclipse 核心之上。Eclipse 基本内核包括：图形 API（SWT/Jface、Java 开发环境插件（JDT）、插件开发环境（PDE）等。

　　Eclipse 的插件机制是轻型软件组件化架构。在客户机平台上，Eclipse 使用插件来提供所有的附加功能，例如支持 Java 以外的其他语言。已有的分离的插件已经能够支持 C/C++（CDT）、Perl、Ruby、Python、Telnet 和数据库开发。插件架构能够支持将任意的扩展加入现有环境中，例如配置管理，而决不仅仅限于支持各种编程语言。

　　CDT（C/C++ Development Tooling）是 Eclipse IDE 的一个重量级插件项目，提供了一个功能齐全的 C 和 C++ 集成开发环境（IDE）。功能包括：支持项目的创建和管理的各种工具链、标准 make build、代码导航、各种代码知识工具，如类层次结构、调用图，包括代码浏览器、宏定义的浏览器、代码编辑器支持语法高亮、折叠和超链接导航、源代码重构和代码生成、可视化调试工具，包括内存、寄存器、反汇编浏览器等，非常适合构建各种规模（特别是大型）的 C/C++ 项目。

　　使用本实训环境调试程序的一般步骤为：创建项目，添加文件，编写代码，调试，运行。

1.1.2　编程规范

1. 排版

　　程序采用缩进风格编写，缩进的空格数为 4 个，不使用 Tab 键；程序块的分界符应一个独占一行并且位于同一列，同时与引用它们的语句左对齐；

　　if, for, do, while, case, switch, default 等语句各自占一行，且 if, for, do, while, case 等语句的执行语句部分无论多少都要加 "{}"；

　　相对独立的程序块之间、变量声明语句块之后必须加空格；较长的语句（＞80 字符）要分成多行书写，长表达式要在低优先级操作符处划分新行，操作符放在新行之首，划分出的新行要进行适当的缩进，使排版整齐，语句可读；

　　不允许把多个语句写在一行中，即一行只写一条语句；不允许把多个变量写在一行中，即一行只定义一个变量；

　　在两个以上的关键字、变量、常量进行对等操作时，它们之间的操作符之前、之后或前后加空格；进行非对等操作时，如果是关系密切的立即操作符（如-）后不应加空格；

　　判断语句中常量/宏放在 "==" 的左边，变量放在 "==" 的右边；

　　访问权限的编译开关和控制关键字 public/private/protected 与上一级代码保持对齐，不缩进。

2. 注释

　　说明性文件头部应进行注释，注释必须列出：版权说明、生成日期、作者、内容说明、修改日志等；

　　源文件头部应进行注释，列出：版权说明、生成日期、作者、模块目的/功能、主要函数、修改日志等；

　　修改代码同时修改相应的注释，以保证注释与代码的一致性，不再有用的注释要删除；

　　变量名、常量名、数据结构名（包括数组、结构、类、枚举等）如果不是充分自注释的，则必须加上注释；

　　较复杂的分支语句（条件分支、循环语句等）必须加上注释；

　　对于 switch 控制块中不含 break 的 case 语句，必须加上注释；

　　对于使用代码屏蔽警告的，必须加上注释，至少列出屏蔽原因、批准人员、批准时间；

注释应与其描述的代码位置相近，对代码的注释通常放在其上方相邻位置，并与注释的代码采用相同的缩进，不可放在下面和语句中间，如放于上方，则需与其上面的代码用空行隔开；

对于变量名、常量名、数据结构子元素等单行语句，其注释语句可放在右边；

注释的内容要清楚、明了，含义准确，防止注释二义性；

注释中禁止使用缩写，除非已是业界通用或标准化的缩写；

源程序注释量必须达到20%以上。

3. 命名规则

标识符的命名必须清晰、明了，有明确含义；

命名中禁止使用缩写，除非已是业界通用或标准化的缩写；

禁止使用单个字符作为变量名（包括用于循环的临时变量），要使用有意义的单词；

除非必要，不要用数字或较奇怪的字符来定义标识符；

用正确的反义词组命名具有互斥意义的变量或相反动作的函数等；

除用于编译开关和防止头文件重复展开的宏外，禁止名字以下划线起始或结尾。

1.2 实训——开发环境的搭建与简单程序实现

1.2.1 实训目的

1. 了解 Eclipse 平台的框架。
2. 熟悉基于 Eclipse 平台的 C++程序开发环境的搭建过程。
3. 熟悉开发环境的各个菜单命令的位置。
4. 掌握开发程序的步骤和运行调试的过程。
5. 熟悉新建项目、编辑、编译、运行、调试代码。

1.2.2 实训内容与步骤

1. 搭建实训环境

说明：当前编译 C++语言的平台有很多，常见的有 Microsoft Visual C++、Visual Studio 和 Borland C++等。近年来，随着 Java 语言的发展，Eclipse 平台也迅速发展起来，它是一个开放源代码的、基于 Java 的可扩展开发平台。

在本书中会介绍基于 Eclipse 平台的 C++开发环境的搭建方法，因为其他平台的搭建都十分容易。同时，本书中所给出的代码在各个编译环境均可正常运行。

本书中的代码即是在此环境中进行开发的，需要安装相关的软件，这里我们选取安装 jdk-1.6-windows-i586.exe 和 eclipse-cpp-ganymede-SR2-win32（32 位 windows 操作系统）。

（1）安装 JDK。我们可以在 http://java.sun.com/j2se/1.5.0/download.jsp 上下载并安装。安装完成之后，在 DOS 界面中测试安装是否成功。在命令行中输入 java 命令和 javac 命令，效果分别如图 1-1 和图 1-2 所示。

（2）有两种选择，可以先安装 Eclipse IDE，再安装 CDT；也可以直接安装集成 CDT 的 Eclipse。软件的获取地址为 http://eclipse.org。

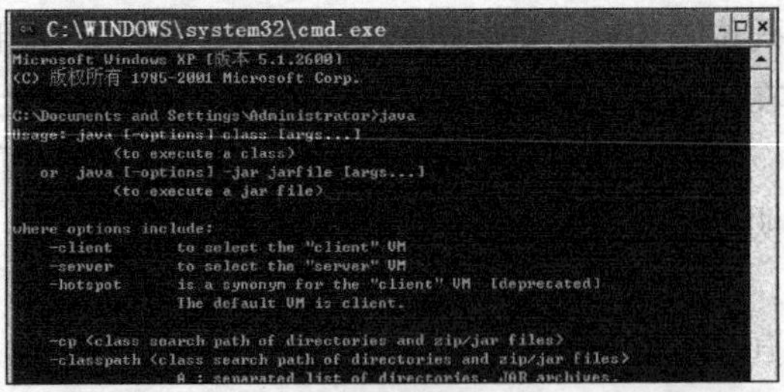

图 1-1 java 测试效果图

我们这里选择第二种方式，即下载并安装 eclipse-cpp-ganymede-SR2-win32，它的版本是 3.4，也叫做 ganymede（木卫三）。下载软件时注意软件和操作系统的兼容性，这里选择的是 32 位 Windows 操作系统中适用的版本，具体的下载地址为 http://eclipse.org/downloads/ packages/release/Ganymede/SR2。

图 1-2 javac 测试效果图

这个安装十分简单，只需要把文件解压缩之后拷贝到特定目录下即可。安装完成之后，运行程序，运行后一个灰蓝色的 Welcome 页面出现，进入 Tutorials（教程）。学东西先读 Tutorial 是个好习惯，如图 1-3 所示。

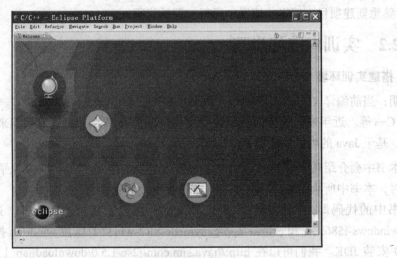

图 1-3 Eclipse 界面图

（3）安装 MinGW。到目前为止，已经为 Eclipse 装上了 CDT，但还需要一个"编译程序"才能编译程序，因此要下载可在 Windows 上使用的 GNU C、C++编译程序，这里要下载的是 MinGW。MinGW 是 Minimal GNU for Windows 的意思，我们可以在 http://www.mingw.org/download.shtml 网站上面获取这个软件。

安装完成之后，来测试是否安装成功，在 DOS 界面中输入命令：gcc –v，如果成功会看到如图 1-4 所示的 gcc 命令测试图版本信息。如果没有得到这个结果，那么就需要修改环境变量，例如我们把 MinGW 存放在 C 盘根目录下，那么在 path 中增加路径：C:\MinGW\bin。

图 1-4　gcc 命令测试图

（4）安装 gdb debugger。如果你需要断点调试程序，还需要安装 gdb debugger，这里可以选择 gdb-6.6，地址为 http://downloads.sourceforge.net/mingw/gdb-6.6.tar.bz2。解压 gdb-6.6.tar.bz2 到你安装 MinGW 的地方，gdb-6.6 文件目录下也有一系列 bin，inclue 文件夹，直接拷贝到 MinGW 下面覆盖进去即可。

（5）设置 Eclipse 参数。为了使 CDT 能够取用 MinGW 来进行编译工作，我们要回到 Eclipse 当中进行设定：Window→Preferences→C/C++→New CDT Project Wizard→Makefile Project，找到 Binary Parser，取消 Elf Parser，改选 PE Windows Parser。

（6）创建项目并运行。运行 Eclipse，选择 File→New→C++ Project，弹出 C++ Project 对话框，在 Project name 中输入项目名称 lab1_1，如果想要修改项目的保存目录，可以把 Use default location 复选框的打勾号取消，然后在下面输入保存路径或者单击 Browse 按钮，选择保存路径；否则，保存在默认的目录里面。在 Project type 里面 Executable 选项里选择 Hello World C++ Project 选项，可以省去自己配置开发环境的过程。在右边的 Tollchains 中选择 MinGW GCC，然后单击 Next 或者 Finish 进入下一个对话框或者直接进入开发环境，如图 1-5 所示。

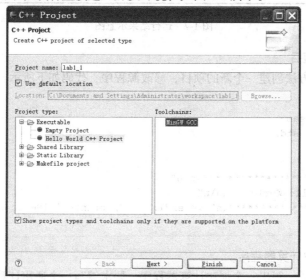

图 1-5　创建项目图

在出现的界面左边 Project Explorer 下单击刚刚创建的项目名称，出现一个树形结构，可以看到 src 子目录，在其下面已经生成了一个源文件，我们就可以在该源文件的基础上进行修改，如图 1-6 所示。

图 1-6　调试界面示意图

当对项目进行编辑之后，选择 Project→Build Project 对该项目进行编译链接，如果没有错误，则选择菜单 Run→Run As→Local C/C++ Application，程序就会运行起来。我们可以在屏幕的下方 Console 中看到程序运行的输出结果，如图 1-7 所示。

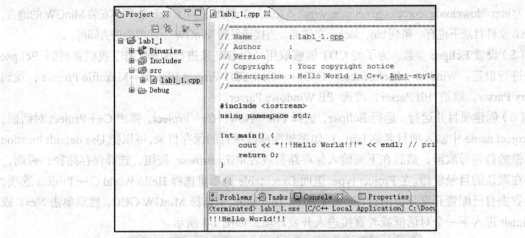

图 1-7　运行结果示意图

2. 学习创建新项目

按照前面所说的方法创建一个新的项目，修改源程序，代码如下所示。运行程序，查看并解释运行结果。

```
#include <iostream>
using namespace std;

int main() {
    cout <<"*******************\n\n"
     << "*   Hello World   *\n\n"
     <<"*******************\n" << endl;      // prints !!!Hello World!!!
    return 0;
}
```

3. 编写一个加法计算器程序。

仿照上一题的代码，写出一个加法计算器程序。要求编写一个通用计算器程序，当用户输入两个数以后，可以计算并输出这两个数的和、差、积、商。

4. 编写一个计算直角三角形斜边边长的程序。

编写一个计算直角三角形斜边边长的程序，要求当输入直角三角形的两个直角边边长后，能够计算出第三边（即斜边）的边长。

解析： 由直角三角形的直角边计算斜边的代码格式为：sqrt(a*a+b*b)，其中 a,b 为两条直角边。参考代码如下所示。

```
#include <iostream>
#include<math.h>
using namespace std;

int main() {
    int a,b;
    cout <<"请输入直角三角形的两个直角边长："<<endl;
    cin>>a>>b;
    cout<<"直角三角形的斜边长："<<（1）<<endl;
}
```

思考： 如果在程序中需要检测构成三角形的条件，以及检测构成直角三角形的条件，该如何修改代码？是否需要引入异常处理？

1.2.3 实训总结

通过自己动手，掌握实训环境的搭建，了解开发环境所需的软件包以及相关的环境配置，掌握创建、编辑、修改、编译、运行程序的方法和步骤，能够编写并运行简单的程序。

1.3 习题及解析

一、选择题

1. 对 C++语言和 C 语言的兼容性描述正确的是：(   )。
   A. C++兼容 C   B. C++部分兼容 C   C. C++不兼容 C   D. C 兼容 C++
2. 下列关于 C++语言的发展说法错误的是（   ）。
   A. C++语言起源于 C 语言   B. C++语言最初被称为"带类的 C"
   C. 在 1980 年 C++被命名   D. 在 1983 年 C++被命名
3. C++语言是以（   ）语言为基础逐渐发展演变而成的一种程序设计语言。
   A. Pascal   B. C   C. Basic   D. Simula67
4. 下列关于 C++与 C 语言关系的描述中错误的是（   ）。
   A. C++是 C 语言的超集
   B. C++是 C 语言进行了扩充
   C. C++和 C 语言都是面向对象的程序设计语言
   D. C++包含 C 语言的全部语法特征
5. 下列 C++标点符号中表示行注释开始的是（   ）。
   A. #   B. ;   C. //   D. }
6. 每个 C++程序都必须有且仅有一个（   ）。
   A. 预处理命令   B. 主函数   C. 函数   D. 语句
7. C++对 C 语言做了很多改进，下列描述中哪一项使得 C 语言发生了质变，即从面向过程变成面向对象：(   )。
   A. 增加了一些新的运算符   B. 允许函数重载，并允许设置默认参数

C. 规定函数说明必须用原型　　　　　　D. 引进类和对象的概念
8. 下列不正确的选项是（　　）。
   A. C++语言是一种既支持面向过程程序设计，又支持面向对象程序设计的混合型语言
   B. 关键字是在程序中起分割内容和界定范围作用的一类单词
   C. iostream 是一个标准的头文件，定义了一些输入输出流对象
   D. 类与类之间不可以进行通信和联络
9. 根据编码规范，以下说法不正确的是（　　）。
   A. 每行中只能写一条赋值语句
   B. 若 a 为实型变量，C++程序中允许赋值 a=10，可以把整型数赋给实型变量
   C. 无论是整数还是实数，都能被准确无误地表示
   D. %是只能用于整数运算的操作符
10. 根据编程规范，一般情况下，源程序有效注释量必须在（　　）。
    A. 20%以上　　　　B. 20%以下　　　　C. 10%以上　　　　D. 10%以下

二、填空题

11. _____ 就是某一变量的别名，对其操作与对变量直接操作完全一样。
12. 按函数在语句中的地位分类，可以有以下3种函数调用方式：_____，_____，_____。
13. 函数与引用联合使用主要有两种方式：一是_____；二是_____。
14. 头文件由三部分内容组成：头文件开头处的文件头注释，_____，_____。
15. 用于输出表达式值的标准输出流对象是_____。
16. 用于从键盘上为变量输入值的标准输入流对象是_____。
17. 一个函数定义由_____和_____两部分组成。
18. C++头文件和源程序文件的扩展名分别为_____和_____。
19. C++既可以用来进行面向_____程序设计，又可以进行面向_____程序设计。
20. 常量分成两种，一种是_____常量，另一种是_____常量。

参考答案

1～5. ACBCC　　　　6～10. BDDCA
11. 引用　　　　12. 函数语句　函数表达式　函数参数
13. 函数的参数是引用　函数的返回值是引用　　14. 预处理块　函数和类结构声明
15. cout　16. cin　　17. 函数头　函数体　　18. .h　.cpp
19. 对象　过程　　20. 直接　符号

1.4 思考题

1. 开发程序中的相关操作，除编辑、修改、编译、调试、运行之外，是否还有其他方法？
2. 开发环境中的一些常用的快捷键有哪些？

项目 2 类和对象

2.1 基础知识

2.1.1 类和对象

1. 面向对象编程设计

面向对象编程（Object Oriented Programming，OOP）是一种计算机编程架构。它实现了软件工程的 3 个主要目标：重用性、灵活性和扩展性。在程序中，为了达到整体运算的目的，要求每个对象都能接收信息，并且处理数据，然后向其他对象发送信息。

在程序设计中，不适用面向过程的程序设计思想，而采用面向对象的编程思想，好处有：

（1）当需求发生变化时，程序的主函数 main 的代码可以不需要做任何修改，更容易维护和扩充。

（2）书写的代码比其他形式的表示更易于理解。

（3）程序比其他形式实体有更好的可修改性。

（4）可以增强程序的可读性，使得程序更为简明、清晰。

（5）对于强类型的 C++语言，更容易检查非法使用，使得编译程序能够根据类型定义与使用之间的关系。

面向对象程序设计中的概念主要包括类、对象、数据封装、继承、多态性、消息传递等，通过这些概念面向对象的思想得到了具体的体现。

（1）类（class）：一个共享相同结构和行为的对象的集合。

（2）对象（object）：类中的一个具体个体，对应到现实世界中一个个体，它有状态、行为和标识 3 种属性。

（3）封装（encapsulation）：将数据和行为（算法）捆绑在一起，定义出一个新的数据类型的过程。

（4）继承：代码重用的一种方法，描述了类之间的一种关系，在这种关系中，一个类共享了一个或多个其他类定义的结构和行为。继承描述了类之间的"是一个"关系。子类可以对基类的行为进行扩展、覆盖、重定义。

（5）多态：在继承的情况下，子类和派生类对同一个消息表现出不同的行为，这被称为动态多态性。

（6）消息传递：一个对象调用了另一个对象的方法（或者称为成员函数），简单来说就是函数调用。

2. 类和对象

（1）类的声明

事物的静态特征可以用某种数据来描述，一般用数据成员表示事物的静态特征，描述事物（对象）所表现的行为或具有的功能，一般用成员函数表示。其形式声明为：

```
class  类名称
{
    public:
            公有成员（外部接口）
    private:
            私有成员
    protected:
            保护型成员
};
```

类包含两种不同的成员：① 数据成员；② 成员函数。

（2）对象的定义

类名　对象名；

类名　对象名1，对象名2，对象名3…；

类名　*对象指针名；

类名　对象数组名[成员个数]；

（3）成员函数

类的成员函数描述的是类的行为，是对封装的数据进行操作的方法。成员函数根据所在位置来分类，可以分为在类内部定义（内联函数）和在类外部定义。

成员函数的调用一般有两种方法：

① 对象名.函数名（实参1，实参2，…）

② 对象指针→函数名（实参1，实参2，…）

（4）成员的权限

私有成员（private）：可以被类自身的成员和友元访问，其他不可以。

保护成员（protected）：可以被类自身的成员和友元访问，其他不可以。

公有成员（public）：可以被类自身的成员和友元访问，也可以被对象任意访问。

2.1.2　函数

在程序设计中，函数是必不可少的，它体现了模块化的程序设计思想。函数就是功能，每一个函数用来实现一个特定的功能，函数的名称一般能反映这个函数的功能。设计较大程序的时候，往往会分成不同的模块，每个模块用一个函数来实现。在编程规范中，每个程序块的长度一般不超过一个屏幕的长度或者不超过15行。

函数定义的一般形式为：

```
函数类型 函数名(类型名 形式参数1,… )
{
    说明语句
    执行语句
}
```

函数调用是多种多样的，常见的几种调用方式有：

（1）函数调用作为语句被调用；
（2）表达式中的函数调用；
（3）函数调用作为实参被调用。

1. 参数传递

函数的参数传递指的是在程序运行过程中，实际参数就会将参数值传递给相应的形式参数，然后在函数中实现对数据处理和返回的过程，方法有按值传递参数，按地址传递参数和按引用传递参数。在C++中调用函数时，有3种参数传递方式：

（1）传值调用；
（2）传址调用（传指针）；
（3）引用传递。

前两者为值传递，最后一种为引用传递。

按引用传递，引用实参的引用参数传递给函数，而不是进行参数拷贝。引用类型的形参与相应的实参占用相同的内存空间，改变引用类型形参的值，相应实参的值也会随着变化。

2. 函数的重载

重载函数（overloaded function）是C++支持的一种特殊函数，C++编译器对函数重载的判断更是C++语言中最复杂的内容之一。在相同的声明域中的函数名相同而参数表不同的，即是通过函数的参数表而唯一标识并且来区分函数的一种特殊的函数。

函数的重载其实就是"一物多用"的思想，形式上调用同一个函数名，实现的功能却不同。其实不仅是函数可以重载，运算符也是可以重载的。例如：运算符"<<"和">>"既可以作为移位运算符，又可以作为输出流中的插入运算符和输入流中的提取运算符。

函数重载中的参数的个数和类型可以都不同。但不能只有函数的类型不同而参数的个数和类型相同。

两个重载函数必须在下列一个或两个方面有所区别：

（1）函数有不同参数；
（2）函数有不同参数类型。

C++的这种编程机制给编程者极大的方便，不需要为功能相似、参数不同的函数选用不同的函数名，也增强了程序的可读性。

函数重载的原则：自动数据转换对函数重载的影响，两个不同宽度的数据类型进行运算时，编译器会尽可能地在不丢失数据的情况下将它们的类型统一；在进行float和double运算时，如果不显式地指定为float型，会自动转换成double型进行计算；若一个整数类型int和一个浮点类型float运算时，如果不显式地指定为int型，C++会先将整数转换成浮点数。

3. 有默认参数的函数

C++允许在定义函数时给其中的某个或某些形式参数指定默认值，这样，当发生函数调用时，如果省略了对应位置上的实参的值时，则在执行被调函数时，以该形参的默认值进行运算。有时多次调用同一函数时用同样的实参，给形参一个默认值，这样形参就不必一定要从实参取值了。实参与形参的结合是按从左至右顺序进行的。因此指定默认值的参数必须放在形参表列中的最右端，否则出错。

在使用带有默认参数的函数时有两点要注意：

（1）如果函数的定义在函数调用之前，则应在函数定义中给出默认值。如果函数的定义在函数调用之后，则在函数调用之前需要有函数声明，此时必须在函数声明中给出默认值，在函数定义时可以不给出默认值。

（2）一个函数不能既作为重载函数，又作为有默认参数的函数。因为当调用函数时如果少写一个参数，系统无法判定是利用重载函数还是利用默认参数的函数，出现二义性，系统无法执行。

4. 内联函数

内联函数是指用 inline 关键字修饰的函数。在类内定义的函数被默认成内联函数。内联函数的功能和预处理宏的功能相似。

宏是简单字符替换，最常见的用法是：定义了一个代表某个值的全局符号、定义可调用带参数的宏。作为一种约定，习惯上总是用大写字母来定义宏，宏还可以替代字符常量。我们会经常定义一些宏，如：#define ADD(a,b) a+b。

宏也有很多不尽如人意的地方，所以 C++中用内联函数来代替宏。

（1）宏不能访问对象的私有成员。类的私有成员只能通过类的成员函数或友元函数来访问。

（2）宏不进行类型检查。例如上面定义的 ADD 宏，要注意传入实参的类型，如果传入的参数不是 char, int, float, double，而是其他类型，可能就会出错。

（3）宏的定义很容易产生二义性。

相对而言，内联函数的方法很简单，只需在函数首行的左端加一个关键字 inline 即可。例如：inline int max(int a,int b);，内联函数必须是和函数体在一起才有效。因为 inline 是一种"用于实现的关键字"，而不是一种"用于声明的关键字"。

内联函数从源代码层看有函数的结构，而在编译后却不具备函数的性质。内联函数不是在调用时发生控制转移，而是在编译时将函数体嵌入在每一个调用处。编译时，类似宏替换，使用函数体替换调用处的函数名。一般在代码中用 inline 修饰，但是能否形成内联函数，需要看编译器对该函数定义的具体处理。

内联扩展是用来消除函数调用时的时间开销。它通常用于频繁执行的函数，对于一个小内存空间的函数非常有益。如果没有内联函数，编译器可以决定哪些函数内联。程序员很少或没有控制哪些只能是内联的，哪些不是。给这种控制程度的作用是程序员可以选择内联的特定应用。

内联函数的函数体限制为：

（1）内联函数中，不能有复杂的结构控制语句、switch、while。如果有这些语句，则认为是普通函数。

（2）递归函数是不能用来做内联函数的。

（3）内联函数只适合 1~5 行的小函数。对于大函数而言，没有必要做成内联函数，因为函数调用和返回的开销相对于函数本身而言微不足道。

2.1.3 UML 简介

Unified Modeling Language（UML）又称统一建模语言或标准建模语言，是始于 1997 年的一个 OMG 标准，它是一个支持模型化和软件系统开发的图形化语言，为软件开发的所有阶段提供模型化和可视化支持，包括由需求分析到规格，到构造和配置。面向对象的分析与设计（OOA&D，OOAD）方法的发展在 20 世纪 80 年代末至 90 年代中出现了一个高潮，UML 是这个高潮的产物。它不仅统一了 Booch、Rumbaugh 和 Jacobson 的表示方法，而且对其作了进一步的发展，并最终统一为大众所接受的标准建模语言。

UML 主要由一系列视图组成，其中包括静态视图（static view）、用例视图（use case view）、活动视图（activity view）等，不同的图用处自然也不一样，而对开发人员来讲，更重要的应该是静态视图中的类图（class diagram）和交互视图（interaction view）中的顺序图（sequence diagram）。

UML 可以使用图表的形式来表现业务关系或者物理关系，可以促进对问题的理解和解决。它提供了一种通用的、精通的、没有歧义的通信机制来进行。同时，UML 还可以通过自己的语法规则使得可以通过使用建模工具软件将设计模式映射到一种语言上，继而可以产生系统设计文档。

UML 定义了 5 类 10 种模型图，下面列出了常用的几种。

（1）用例图（use case diagrams）：从用户角度描述系统功能，并指出各功能的操作者。

（2）类图（class diagrams）：描述系统中类的静态结构。

（3）序列图（sequence diagrams）：展示对象之间的一种动态协作关系（一组对象组成，随时间推移对象之间交换消息的过程，突出时间关系）。

（4）合作图（collaboration diagrams）：从另一个角度展示对象之间的动态协作关系（对象间动态协作关系，突出消息收发关系）。

（5）状态图（statechart diagrams）：是描述状态到状态控制流，常用于动态特性建模。

（6）活动图（activity diagrams）：描述了业务实现用例的工作流程。

（7）构件图（component diagrams）：展示程序代码的物理结构（描述程序代码的组织结构，各种构件之间的依赖关系）。

（8）部署图（deployment diagrams）：展示软件在硬件环境中（特别是在分布式及网络环境中）的配置关系（系统中硬件和软件的物理配置情况和系统体系结构）。

UML 规范用来描述建模的概念有类（对象的）、对象、关联、职责、行为、接口、用例、包、顺序、协作，以及状态。[3]

UML 的特点有：

（1）UML 统一了各种方法对不同类型的系统、不同开发阶段以及不同内部概念的不同观点，从而有效地消除了各种建模语言之间不必要的差异。它实际上是一种通用的建模语言，可以为许多面向对象建模方法的用户广泛使用。

（2）UML 建模能力比其他面向对象建模方法更强。它不仅适合于一般系统的开发，而且对并行、分布式系统的建模尤为适宜。

（3）UML 是一种建模语言，而不是一个开发过程。[4]

类图是最常用的 UML 图，显示出类、接口以及它们之间的静态结构和关系；它用于描述系统的结构化设计。这里我们简单介绍一下类图的设计方法。

静态视图说明了对象的结构，其中最常用的就是类，类图可以帮助我们更直观地了解一个系统的体系结构，有时侯，描述系统快照的对象图（Object diagram）也是很有用的。在这里，我们主要介绍类图，下面的图 2-1 就是一个简单的类图。

在类图中，类由矩形框来表示，如图 2-1 中定义了 4 个类，分别为 Base、A、B、C，类之间的关系通过各种线条和其他符号来表示，空心的三角表示继承关系，在 UML 的术语中，这种关系被称为泛化（Generalization），所以上面的类用等价代码表示为：

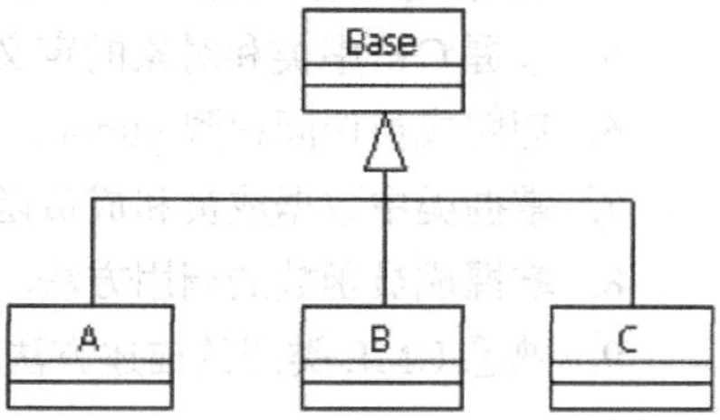

```
class Base{…};
class A:public Base{…};
class B:public Base{…};
class C:public Base{…};
```

图 2-1 UML 例图

一个类中一般包含 3 个组成部分：第一个是类名；第二个是属性（attributes）；第三个是该类

提供的方法（类的性质可以放在第四部分；如果类中含有内部类，则会出现第五个组成部分）。类名部分是不能省略的，其他组成部分可以省略，如图 2-2 所示。

类名书写规范：正体字说明类是可被实例化的，斜体字说明类为抽象类。

属性和方法书写规范：修饰符 [描述信息] 属性、方法名称 [参数] [: 返回类型|类型]

属性和方法之前可附加的可见性修饰符有：

加号（+）表示 public；减号（-）表示 private；#号表示 protected；省略这些修饰符表示具有 package（包）级别的可见性。

如果属性或方法具有下划线，则说明它是静态的。

描述信息使用 << 开头和使用 >> 结尾。

类的性质是由一个属性、一个赋值方法和一个取值方法组成。书写方式和方法类似。这些在图 2-2 中有所体现。我们再来看一个例子，如图 2-3 所示。

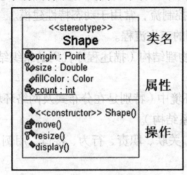

图 2-2　UML 类图

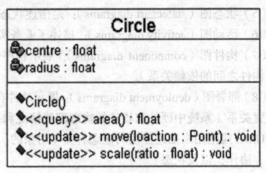

图 2-3　圆类的 UML 图

2.2　实训——类和对象的应用

2.2.1　实训目的

1. 掌握 C++中函数的调用机制。
2. 掌握函数的参数传递（值调用、引用调用）的方法。
3. 掌握内联函数、函数重载和有默认参数的函数的使用方法。
4. 理解面向对象编程思想，熟悉面向对象的概念。
5. 掌握 C++中类和对象的定义方法。
6. 理解成员访问权限 public、protected 和 private 的区别。
7. 掌握类中数据成员和成员函数的说明方法。
8. 掌握成员函数的调用方法。
9. 熟悉 UML 类图的描述方法。

2.2.2　实训内容与步骤

1. 修改以下程序中的错误，并写出它的运行结果。

```
#include <math.h>
class Point{
```

```cpp
public:
    void Set(double ix,double iy){      //设置坐标
        x=ix;y=iy;
    }
  double xOffset()                      //取 x 轴坐标分量
  {
    return  x;
  }

  double yOffset()                      //取 y 轴坐标分量
  {
    return y;
  }

  double angle()                        //取点的极坐标 θ
  {
    return (180/3.14159)*atan2(y,x);
  }

  double radius()                       //取点的极坐标半径
  {
    return sqrt(x*x+y*y);
  }
protected:
  double x;                             //x 轴分量
  double y;                             //y 轴分量
}

int main()
{
  Point p;
  double x,y;

  cout <<"Enter x and y:\n";
  cin >>x >>y;

  p.Set(x,y);
  p.x+=5;
  p.y+=6;

  cout <<"angle=" <<p.angle()<<endl;
      <<",radius=" <<p.radius()endl
      <<",x offset=" <<p.xOffset()endl
      <<",y offset=" <<p.yOffset() <<endl;
return 0 ;
}
```

2. 以下代码是一个描述人的特性的类的定义，请根据已给的代码完成类的成员函数的实现。

```cpp
class Person{
public:
    void f(char *n, int a);
    void show();
private:
    char Name[12];
```

```
        int age;
};
____(1)____          //Person类的f函数
{
    strncpy(Name,n,11);
    Name[11] = 0;
    age=a;
}
____(2)____          //Person类的show函数
{
    cout<<Name<<" "<<age;
}
```

解题思路：本题是补充代码的题型，考察的是成员函数的定义方法，属于基本知识点的考察，只要掌握了成员函数的类外定义方法即可完成程序。

思考：在已有代码的基础上，给程序添加主函数，使得程序可以正常运行。

3. 阅读下面的程序，并把缺少的代码补充完整，之后仿照例子设计程序。

步骤1：建立hello world C++ Project项目lab2_3，在项目名称上单击鼠标右键选择新建，添加头文件并命名为tdate.h，如图2-4所示。文件中的代码如下，是描述日期的一个类。

```
//*******************
//**    tdate.h    **
//*******************

#include <iostream.h>

class Tdate{
public:
void Set(int,int,int);
int IsLeapYear();
  void Print();
private:
  int month;
  int day;
  int year;
};
```

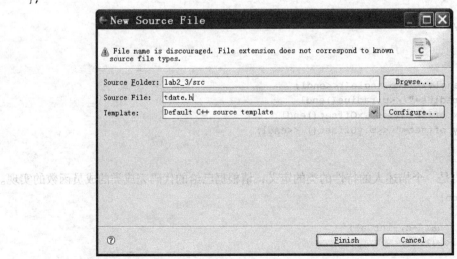

图2-4 添加头文件对话框

步骤 2：添加源文件，命名为 tdate.cpp，如图 2-5 所示。

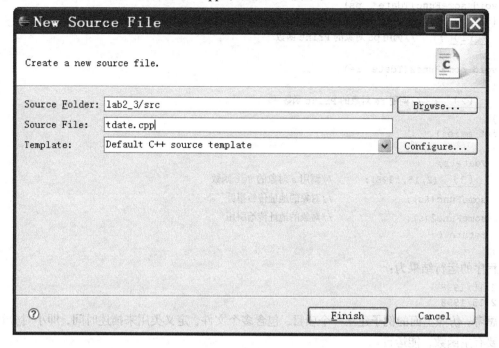

图 2-5 添加源文件对话框

在 tdate.cpp 文件中添加如下代码，实现类 Tdate 的成员函数的定义。

```cpp
//*******************
//**   tdate.cpp   **
//*******************

#include "tdate.h"

void Tdate::Set(int m,int d,int y)
{   month=m;  day=d;  year=y;   }

int Tdate::IsLeapYear()
{
  return  (year%4==0&&year%100!=0)||(year%400==0);
}

void Tdate::Print()
{
  cout <<month <<"/" <<day <<"/" <<year <<endl;
}
```

步骤 3：修改源文件 lab2_3.cpp，其中的代码如下，并把缺少的代码补充完整。

```cpp
//*******************
//**  lab2_3.cpp   **
//*******************

#include <iostream>
using namespace std;
#include "tdate.h"
```

```
void someFunc(Tdate* ps)
{
    __(1)__ ;      //调用 pS 对象的 Print 函数
}
void someFunc2(Tdate  re)
{
    __(2)__ ;      //调用 re 对象的 Print 函数
}
int main()
{
    Tdate s;
    __(3)__ (2,15,1998);       //调用 s 对象的 Set 函数
    someFunc(&s);              //对象的地址传给指针
    someFunc2(s);              //对象的地址传给引用
    return 0;
}
```

程序的运行结果为：

2/15/1998
2/15/1998

思考：仿照上面的例子建立一个项目，包含多个文件，定义类用来描述时间，即小时分钟秒，程序要有主函数，能运行。

4. 假设存在这样一种情况，有一个圆环，其中小圆半径为 2.5，大圆半径为 7，我们想来计算这个圆环的面积。下面给出了主函数部分，请把类定义部分补充完整。

主函数如下：

```
int main()
{
    float s;
    Circle c1,c2;    //类名 Circle
    c1.set(2.5);
    c2.set(7);
    //函数 csquare() 的功能是求出圆的面积并作为函数返回值
    s=c2.csquare() - c1.csquare();
    cout<<"圆环的面积是："<<s<<endl;
    return 0;
}
```

解题思路：编程定义一个 circle 类，含有私有变量半径 r，成员函数中包含可以初始化 r 的函数 set，还包含可以计算圆面积的函数 csquare。这个类类体部分可以定义如下：

```
#define Pi 3.1415926
class Circle
{
public:
    void set(float a){
        r=a;   }
    float csquare(){
        return (Pi*r*r);
    }
private:
    float r;
};
```

程序的运行结果为：

圆环的面积是：134.303

思考：根据上面的例子，请解决这样一个问题，已有一个中空的圆柱体，如图 2-6 所示，求出它的体积。

5. 仿照例子设计程序。

假设有这样一种情况，我们需要描述一个矩形类的特点并应用在程序中，那么就需要定义一个描述矩形的类 Rectangle，包括的数据成员有宽（width）和长（length），同时包含以下成员函数：

（1）类成员函数，计算矩形周长；

（2）类成员函数，计算矩形面积；

（3）类成员函数，改变矩形大小；

（4）最后，在程序的主函数中定义类的对象，并且调用每一个成员函数进行测试。

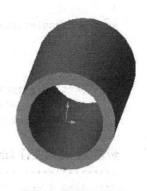

图 2-6　中空的圆柱体

步骤 1：建立项目 lab2_5，在项目名称上单击鼠标右键选择新建，添加头文件命名为 rectangle.h。文件中的代码如下，是描述矩形的一个类。

```
//********************
//**  rectangle.h  **
//********************

class Rectangle{                              //定义矩形类
public:
    Rectangle(int w, int l);                  //构造函数
    int area();                               //计算面积的函数
    int periment();                           //计算周长的函数
    void changesize(int a, int b);            //改变矩形的长和宽
    void print();                             //输出矩形的基本信息
private:
    int width,length;                         //私有变量成员,分别描述宽和长
};
```

步骤 2：在项目名称上单击鼠标右键选择新建，添加源文件命名为 rectangle.cpp。文件中的代码如下。

```
//********************
//**  rectangle.cpp  **
//********************
#include<iostream>
using namespace std;
#include"rectangle.h"

Rectangle::Rectangle(int w, int l){           //构造函数
    width = w;
    length = l;
}
int Rectangle::area(){                        //计算面积的函数
    return    width*length;
}
int Rectangle::periment(){                    //计算周长的函数
    return 2*(width+length);
```

```
    }
    void Rectangle::changesize(int a, int b){        //改变矩形的长和宽
        width=a;
        length=b;
    }
    void Rectangle::print(){                          //输出函数
        cout<<"area()="<<area()<<endl;
        cout<<"periment()="<<periment()<<endl;
    }
```

步骤 3：修改文件 lab2_5.cpp 中的代码如下。

```
//********************
//** lab2_5.cpp **
//********************
#include <iostream>
using namespace std;
#include"rectangle.h"

int main()
{
    Rectangle rect(20,30);                            //实例化对象,并初始化
    rect.print();
    cout<<"修改矩形的长和宽之后"<<endl;
    rect.changesize(30,40);
    rect.print();

    return 0;
}
```

运行上面的程序会得到如下结果：

area()=600
periment()=100
修改矩形的长和宽之后
area()=1200
periment()=140

思考：仿照上面的例子，请设计一个程序用来描述几何图形长方体，能够计算它的体积、表面积、对角线等基本信息。

6. 我们在程序中经常要比较数值的大小，进而求出几个数值之中的较大值。对比以下两个程序的代码，理解函数重载的优点以及使用方法。

先来看一下不使用函数重载的解决方法。

```
#include <iostream>
using namespace std;

int max3(int a,int b,int c){                          //求3个整数中的最大者
    if(b>a)  a=b;
    if(c>a)  a=c;
    return a;
}
int max2(int a,int b){                                //求2个整数中的最大者
    if(a>b) return a;
    else  return b;
}
```

```
int main( ){
    int max3(int a,int b,int c);              //函数声明
    int max2(int a,int b);                    //函数声明
    int a=8,b=-12,c=27;
    cout<<"max3(a,b,c)= "<<max3(a,b,c)<<endl;
    cout<<"max2(a,b)= "<<max2(a,b)<<endl;

    return 0;
}
```

程序的运行结果为：

max3(a,b,c)= 27
max2(a,b)= 8

下面来看一下使用函数重载的解决方法。

```
#include <iostream>
using namespace std;

int max(int a,int b,int c){                   //求3个整数中的最大者
    if(b>a)   a=b;
    if(c>a)   a=c;
    return a;
}
int max(int a,int b){                         //求2个整数中的最大者
    if(a>b) return a;
    else   return b;
}

int main( ){
    int max(int a,int b,int c);               //函数声明
    int max(int a,int b);                     //函数声明
    int a=8,b=-12,c=27;
    cout<<"max(a,b,c)= "<<max(a,b,c)<<endl;
    cout<<"max(a,b)= "<<max(a,b)<<endl;

    return 0;
}
```

程序的运行结果为：

max(a,b,c)= 27
max(a,b)= 8

对比两个程序，我们可以看出程序的代码量并没有变化，但是在第二个程序中，函数名却只有一个，这些函数的功能是相同或者相近的，这样我们在调用函数的时候只需要记住一个函数名，避免在记忆多个函数名时产生混淆和错误。

思考：请进一步修改程序，使得如下主函数可以正常运行。

```
int main( ){
    int a=8,b=-12,c=27;
    double d = 10.5;
    cout<<"max(a,b,c)= "<<max(a,b,c)<<endl;
    cout<<"max(a,b)= "<<max(a,b)<<endl;
    cout<<"max()= "<<max(a,d)<<endl;

    return 0;
}
```

程序的运行结果为：
max(a,b,c)= 27
max(a,b)= 8
max()= 10.5

7. 在程序中经常要输出不同数据类型的数据，如果要使用函数来处理这个操作，它们的功能就是相同的，我们可以使用函数重载的方法，阅读以下程序，查看运行结果。

```
#include<iostream>
using namespace std;

void print(int i){
      cout<<"print an integer :"<<i<<endl;
}
void print(string str){
      cout<<"print a string :"<<str<<endl;
}

int main(){
   print(12);
   print("hello world!");

   return 0;
}
```

思考：（1）如果我们修改程序的主函数变为如下所示代码。

```
int main(){
   print(12);
   print("hello world!");
   print(12.56);

   return 0;
}
```

再来运行程序，会得到如下结果：
print an integer :12
print a string :hello world!
print an integer :12

很显然这不是我们想要的结果，请添加一个 print 函数的重载形式，使得程序的运行结果为：
print an integer :12
print a string :hello world!
print a double :12.56

（2）如果还想输出字符数据，该如何修改程序？

8. 阅读以下程序，找出程序的错误并改正，然后写出运行结果并验证结果，解释为什么。

```
#include<iostream>
using namespace std;
class A
{
public:
    void print(int iNum)
    {
        cout<<"在类A中,参数类型是整型"<<endl;
    }
    void print(float fNum)
    {
```

```
            cout<<"在类 A 中,参数类型是单精度浮点型"<<endl;
        }
};

int main()
{
    A a;
    a.print();
    a.print(1);
    a.print(1.0f);

    return 0;
}
```

思考：如果将以上程序修改为以下代码，请猜想运行结果并验证结果。注：本要求为扩展提高要求，具体知识点请参阅继承与派生。

```
#include<iostream>
using namespace std;
class A
{
public:
    void print(int iNum)
    {
        cout<<"在类 A 中,参数类型是整型"<<endl;
    }
    void print(float fNum)
    {
        cout<<"在类 A 中,参数类型是单精度浮点型"<<endl;
    }
    virtual void print(void)
    {
        cout<<"在类 A 中,参数类型是空类型"<<endl;
    }
};
class B:public A
{
public:
    void print( void)
    {
        cout<<"在类 B 中,参数类型是空类型"<<endl;
    }

    void print(int iNum)
    {
        cout<<"在类 B 中,参数类型是整型"<<endl;
    }
};
int main()
{
    A a;
    B b;
        //函数的重载
    a.print();
    a.print(1);
```

```cpp
        a.print(1.0f);
            //函数的覆盖
        b.print();
            //函数的隐藏
        b.print(1);
        return 0;
}
```

9. 在程序中我们经常需要计算一组数据中的最大值或者最小值，同时，数组的数据类型是各种各样的，例如整数、单精度、长整数等。下面来对比一下不同的实现方法。

（1）先来看一下不使用函数重载的代码。

```cpp
//=====================================================
// Name        : lab2_91.cpp
// Description : Hello World in C++, Ansi-style
//=====================================================

#include <iostream>
using namespace std;
#define N 5

//数组输入数据
void Input_int(int num[] , int n){
    int i = 0;
    cout<<"请依次输入"<<n<<"个整型数,以空格隔开"<<endl;
    for(i = 0 ; i<n; i++)
        cin>>num[i];
}
//数组输入数据
void Input_float(float num[] , int n){
    int i = 0;
    cout<<"请依次输入"<<n<<"个实型数,以空格隔开"<<endl;
    for(i = 0 ; i<n; i++)
        cin>>num[i];
}
//求数组中的最大值
int max_int(int num[], int n){
    int m = num[0];
    for(int i=0; i<n; i++)
        if(m<num[i])
            m = num[i];
    return m;
}
//求数组中的最大值
float max_float(float num[], int n){
    float m = num[0];
    for(int i=0; i<n; i++)
        if(m<num[i])
            m = num[i];
    return m;

}

int main(){
```

```cpp
    int arr_int[N] = { 0 };
    float arr_float[N] = { 0 };
    Input_int(arr_int,N);            //调用函数,输入数据
    Input_float(arr_float,N);        //调用函数,输入数据

    int maxint = max_int(arr_int , N);
    float maxfloat = max_float(arr_float , N);

    cout<<"整型数组的最大值: "<<maxint<<endl;
    cout<<"实型数组的最大值: "<<maxfloat<<endl;

    return 0;
}
```
程序的运行结果为：

请依次输入 5 个整型数,以空格隔开
24 56 5 8 14
请依次输入 5 个实型数,以空格隔开
4.5 1.3 5.6 4.1 2.8
整型数组的最大值: 56
实型数组的最大值: 5.6

阅读代码我们会发现，在程序中函数 max_int 和函数 max_float 都是求数组中的最大值，函数 Input_float 和函数 Input_int 都是对数组进行数据输入，功能是相同的，但是由于处理的数据类型不同，需要写出不同的函数来。

（2）在这种情况下，我们期望以相同的函数名来定义函数，以实现我们需要的功能。下面来看使用函数重载实现的情况。

```cpp
//===================================================
// Name        : lab2_92.cpp
// Description : Hello World in C++, Ansi-style
//===================================================

#include <iostream>
using namespace std;
#define N 5

//数组输入数据
void Input(int num[] , int n){
    int i = 0;
    cout<<"请依次输入"<<n<<"个整型数,以空格隔开"<<endl;
    for(i = 0 ; i<n; i++)
        cin>>num[i];
}
//数组输入数据
void Input(float num[] , int n){
    int i = 0;
    cout<<"请依次输入"<<n<<"个实型数,以空格隔开"<<endl;
    for(i = 0 ; i<n; i++)
        cin>>num[i];
}
//求数组中的最大值
int max(int num[], int n){
```

```cpp
        int m = num[0];
        for(int i=0; i<n; i++)
            if(m<num[i])
                m = num[i];
        return m;
    }
    //求数组中的最大值
    float max(float num[], int n){
        float m = num[0];
        for(int i=0; i<n; i++)
            if(m<num[i])
                m = num[i];
        return m;
    }

    int main(){
        int arr_int[N] = { 0 };
        float arr_float[N] = { 0 };
        Input(arr_int,N);       //调用函数,输入数据
        Input(arr_float,N);     //调用函数,输入数据

        int maxint = max(arr_int , N);
        float maxfloat = max(arr_float , N);

        cout<<"整型数组的最大值: "<<maxint<<endl;
        cout<<"实型数组的最大值: "<<maxfloat<<endl;

        return 0;
    }
```

阅读代码会发现，程序中的求数组最大值的函数我们只需要记住一个函数名即 max()，就可以调用其来求出不同数据类型的数组中的最大值。这同样适用于输入数据的函数 Input()。

思考：如果修改程序的主函数如下

```cpp
    int main(){
        int arr_int[N] = { 0 };
        float arr_float[N] = { 0 };
        char str[N];
        string s;
        Input(arr_int,N);       //调用函数,输入数据
        Input(arr_float,N);     //调用函数,输入数据
        Input(s);
        Input(str,N);

        int maxint = max(arr_int , N);
        float maxfloat = max(arr_float , N);
        char cs = max(s);
        char cstr = max(str);

        cout<<"整型数组的最大值: "<<maxint<<endl;
        cout<<"实型数组的最大值: "<<maxfloat<<endl;
        cout<<"字符串"<<s<<"的最大值: "<<cs<<endl;
        cout<<"字符串"<<str<<"的最大值: "<<cstr<<endl;
```

```
        return 0;
    }
```
该如何修改程序才能使得程序正常运行,并保证运行结果为:

请依次输入 5 个整型数,以空格隔开
5 65 24 58 35
请依次输入 5 个实型数,以空格隔开
1.2 5.6 2.1 4.6 5.3
请输入一个字符串
helloworld
请依次输入不超过 4 个字符
hiab
整型数组的最大值:65
实型数组的最大值:5.6
字符串 helloworld 的最大值:w
字符串 hiab 的最大值:i

10. 阅读程序,写出运行结果并验证结果。

```cpp
#include <iostream>
using namespace std;
double add(int a1=0, int a2=0, double a3=0.0, double a4=0.0)
{
    return (a1+a2+a3+a4);
}

int main()
{
    int  a, b;
    double f,d;
    cin>>a>>b>>f>>d;
    cout<<add(a)<<endl
        <<add(a,b)<<endl
        <<add(a,b,f)<<endl
        <<add(a,b,f,d)<<endl;
    return 0;
}
```

思考:根据上面的代码完成程序设计,实现功能:用 const 定义一个 int 型常量 num,初始化为 10,然后使用缺省参数的方法定义一个带有 3 个 int 参数的函数 fun,并用 num 作为其中一个参数的缺省值,另外两个参数的缺省值为 0,该函数的功能是用于实现求 3 个数字的和运算。

11. 阅读程序,要求修改其中的错误,修改方法是使用参数缺省值的相关知识,使得程序可以正常运行。

```cpp
#include<iostream>
using namespace std;
class A
{
public:
    void print(int iNum)
    {
        cout<<"在类 A 中,参数类型是整型"<<endl;
    }
    void print(float fNum)
    {
```

```
        cout<<"在类 A 中,参数类型是单精度浮点型"<<endl;
    }
};

int main()
{
    A a;
    a.print();
    a.print(1);
    a.print(1.0f);

    return 0;
}
```

12. 分别使用 C 语言宏定义方法和 C++ 内联函数的方法定义宏 MUL1 和函数 MUL2,实现两个数的乘法运算,并将其保存在名为 Mult.h 的文件中,然后在 main 函数所在文件中包含该文件。

解题思路:本题是考查宏定义和内联函数区别与联系,重在理解二者在运行机制方面的不同。

步骤 1:创建项目 lab2_12,在项目名称上单击鼠标右键选择新建,添加头文件命名为 Mult.h。文件中的代码如下:

```
/**********************
*      Mult.h         *
**********************/
#define MUL1(a,b)  (a)*(b)
inline float MUL2(float a, float b){
    return a*b;
}
```

步骤 2:修改 main.cpp,代码如下:

```
/**********************
*      main.cpp       *
**********************/
#include"Mult.h"
#include <iostream>
using namespace std;

inline float MUL2(float a, float b);

int main()
{
    int m=0,n=0;
    cout<<"请输入需要计算的数据 "<<endl;
    cin>>n>>m;

    cout<<"MUL1: "<<MUL1(m,n)<<endl
        <<"MUL2: "<<MUL2(m,n)<<endl;
    return 0;
}
```

思考:在调用该宏或函数时使用表达式作为函数参数,观察结果是否相同,如果改变实参类型时,会出现什么现象,并观察结果有何异同。

13. 在程序中按照图 2-7 所示 UML 类图定义 Animal 类。Animal 类的所有成员变量的访问权限为 private。所有成员函数的访问权限都为 public。其中 Animal 类的成员函数 move()功能是输出一个字符串 "animal moving"，setXXX()函数设置该类的成员变量，getXXX()函数返回类的成员变量的值，display()函数分行输出类的 3 个成员变量，输出格式为："变量名：变量值"。并定义 main 函数实例化一个对象，然后调用相应的函数测试相应的功能。

解题思路：UML 图是程序设计中常见的一种示意图，书写代码时应注意各属性的访问权限，以及属性命名方式对应的功能。题目中的 setXXX()函数和 getXXX()函数指的是一组功能相似的函数，而不是一个函数。

```
Animal
-name : string
-age  : int
-color : string

+Animal(string n,int a,string c)
+setName(string n):void
+getName()         : string
+setAge(int a)     : void
+getAge()          : int
+setColor(string c) : void
+getColor()        : string
+display()         : void
+move()            :void
```

图 2-7　Animal 类的 UML 类图

步骤 1：建立项目 lab2_13，在项目名称上单击鼠标右键选择新建，添加头文件命名为 animal.h，代码如下：

```cpp
/***************
 * animal.h
 ***************/
//类的声明
#include <string>
using namespace std ;

class Animal
{
private:
    string name;            //名字
    int age;                //年龄
    string color;           //颜色
public:
    Animal(string n,int a,string c);
    Animal(){}

    void setName(string n);
    void setAge(int a)  ;
    void setColor( string c) ;
    string getName() ;
    int getAge() ;
    string getColor() ;

    void display() ;
    void move() ;
    ~Animal(){}
};
```

步骤 2：在项目名称上单击鼠标右键选择新建，添加源文件命名为 animal.cpp，代码如下：

```cpp
/***************
 * animal.cpp
 ***************/
#include <iostream>
#include <string.h>
#include"animal.h"
using namespace std ;
```

```cpp
Animal::Animal(string n,int a,string c)
{
    name=n;
    color=c;
    age=a;
}
void Animal::setName(string n)
{
    name=n;
}
string Animal::getName()
{
    return name;
}
void Animal::setAge(int a)
{
    age = a;
}
int Animal::getAge()
{
    return age;
}
void Animal::setColor(string c)
{
    color=c;
}
string Animal::getColor()
{
    return color;
}
void Animal::display()
{
    cout << "name:" <<name<< endl;
    cout << "age:" <<age<< endl;
    cout << "color:" <<color<< endl;
}
void Animal::move()
{
    cout << "animal moving" << endl;
}
```

步骤3：修改源文件 lab2_13.cpp，代码如下：

```cpp
//===============================================
// Name        : lab2_13.cpp
//===============================================

#include "animal.h"
#include <iostream>
using namespace std ;

//类的应用
int main (void)
{
    Animal an1("贝贝",1,"白色");
    Animal an2;
```

```
        an2.setName("狗狗");
        cout<< an2.getName()<<endl;
        an2.setAge(2);
        cout<< an2.getAge()<<endl;
        an2.setColor("黄色");
        cout<< an2.getColor()<<endl;

        an1.display();
        an2.display();
        an1.move();
        an2.move();
        return 0;
}
```
请写出程序的运行结果并上机验证。

思考：仿照所给程序，设计一个程序描述狗的信息。

14. 请把如下程序的空白处填写恰当的代码，使得程序能够正常运行。下面的程序是描述职工的基本信息，具体要求是：定义一个职工类，包含编号、姓名、工资和年龄等属性，类中的成员函数实现信息的输入和输出，在主函数中定义对象，保存多个职工的基本信息，计算并输出他们的平均工资。

```
#include<iostream.h>
#include<iomanip.h>
//职工类
class Employee{
（1）      //以下成员为公有成员
    void set();
    void Display();
    float getwages();
（2）      //以下成员为私有成员
    char name[20];
    char num[10];
    float wages;
    int agenum;
};

void Employee::Display()
{
    cout<<setiosflags(ios::left);
    cout<<" 编号 "<<setw(10)<<num
        <<" 姓名 "<<setw(20)<<name
        <<" 工资 "<<setw(6)<<wages
        <<" 工龄 "<<setw(4)<<agenum
        <<endl;
}

void Employee::set()
{
    cout<<endl<<"请输入职工的基本信息 "<<endl;
    cout<<"工号 ";
    cin>>num;
```

```
            cout<<"姓名 ";
            cin>>name;
            cout<<"工资 ";
            cin>>wages;
            cout<<"工龄 ";
            cin>>agenum;

    }

    (3) //成员函数getwages()的定义
    {
            return  wages;
    }

    int main()
    {
    const int N = 10;
            Employee em[N];

            for(int i=0; i<N; i++)
    (4) //为每一个对象输入数据

                    cout<<endl<<"所有职工的信息如下"<<endl;
                    for(i=0; i<N; i++)
                        em[i].Display();

                    float average = 0;
                    for(i=0; i<N; i++)
                        average += em[i].getwages()/N;
                    cout<<endl<<"平均工资为 " << (5) <<endl;     //输出平均工资的取值

                    return 0;
    }
```

思考：仿照所给程序，设计一个程序描述学生的基本信息。

2.2.3 实训总结

通过本次实验，我们要能够深入理解面向对象编程思想，掌握C++中类和对象的定义方法，理解成员访问权限public、protected和private的区别；掌握类中数据成员和成员函数的说明方法；了解UML类图的描述方法；掌握成员函数的调用方法；能编写简单的面向对象程序。

2.3 习题及解析

一、选择题

1. 作用域运算符"::"的功能是（   ）。
   A. 标识作用域的级别   B. 给定作用域的大小
   C. 指出作用域的范围   D. 标识成员是属于哪个类

2. 在类定义的外部，可以被访问的成员有（　　）。
   A. 所有类成员　　　　　　　　　　　　B. private 的类成员
   C. public 的类成员　　　　　　　　　　D. public 或 private 的类成员
3. 关于类和对象，不正确的说法是：（　　）。
   A. 类是一种类型，它封装了数据和操作　B. 对象是类的实例
   C. 一个类的对象只有一个　　　　　　　D. 一个对象必属于某个类
4. 在 C++中实现封装是借助于（　　）。
   A. 枚举　　　　　B. 类　　　　　　C. 数组　　　　　　D. 函数
5. 有如下类声明"class A{int x；……}；"，则 A 类的成员 x 是：（　　）
   A. 公有数据成员　　B. 私有成员函数　C. 公有成员函数　　D. 私有数据成员
6. 以下关键字不能用来声明类的访问权限的是：（　　）。
   A. public　　　　B. private　　　　C. static　　　　　　D. protected
7. 下列关于类的权限的描述错误的是（　　）。
   A. 类本身的成员函数只能访问自身的私有成员
   B. 类的对象只能访问该类的公有成员
   C. 普通函数不能直接访问类的公有成员，必须通过对象访问
   D. 一个类可以将另一个类的对象作为成员
8. 类的私有成员可在何处访问：（　　）。
   A. 通过子类的对象访问　　　　　　　　B. 本类及子类的成员函数中
   C. 通过该类对象访问　　　　　　　　　D. 本类的成员函数中
9. 通过指针访问类对象成员的方法是（　　）。
   A. ::　　　　　　B. ;　　　　　　　C. .　　　　　　　　D. →
10. 在 C++中，关于下列设置缺省参数值的描述中，（　　）是正确的。
    A. 不允许设置缺省参数值
    B. 在指定了缺省值的参数右边，不能出现没有指定缺省值的参数
    C. 只能在函数的定义性声明中指定参数的缺省值
    D. 设置缺省参数值时，必须全部都设置
11. 下列对定义重载函数的要求中，正确的是（　　）。
    A. 要求函数的返回值不同　　　　　　　B. 要求参数中至少有一个类型不同
    C. 要求参数个数相同时，参数类型不同　D. 要求参数的个数不同
12. 已知函数 fun 的原型为 int fun (int,int,int);，下列重载函数原型中错误的是（　　）。
    A. char fun(int,int);
    B. double fun(int,int,double);
    C. float fun(int,int,int);
    D. int fun(int,clar*);
13. 函数参数的默认值不允许为（　　）。
    A. 全局常量　　　B. 直接常量　　　　C. 局部变量　　　　D. 函数调用
14. 使用重载函数编写程序的目的是（　　）。
    A. 使用相同的函数名调用功能相似的函数　B. 共享程序代码
    C. 提高程序的运行速度　　　　　　　　　D. 节省存储空间

二、填空题

15. 对类中的成员函数和属性的访问是通过_____、_____和_____这 3 个关键字来

控制的。

16. 在结构定义中，数据和成员函数默认权限是_____。在类定义中，数据和成员函数默认权限是_____。

17. 一般情况下，按照面向对象的要求，把类中的数据成员（属性）定义为_____权限，而把成员函数（方法）定义为_____权限。

18. 在类中定义和实现的函数称为_____。

19. 请把程序补充完整，并写出程序执行结果。

```
                    ;   //函数说明，参数的默认值为 8
void main() {    int i = 4;   fun( );   fun( i );   }
void fun ( int n ) { cout<<(n*n); }
```

20. 请把程序补充完整。

```
void f( int &b ) ;            //函数 f()为内联函数
void main(){    int a=8;    f(a);      cout<<a;   }
              {    b=b*b;   }
```

21. 请把程序补充完整，并写出程序执行结果。

```
                    ;   //函数说明，参数的默认值为 10
void main() {    int i =5;    fun( );    fun( i );    }
void fun ( int n ) { cout<<(n*n); }
```

参考答案

1～5. B C C B D　　　　6～10. C A D D B　　　　11～14. C C C A
15. public　　protected　　private　　　　16. public　　private
17. private　　public　　　　　　　　　　　　18. 内联函数
19. void fun (int n=8) 或者 void fun (int =8)　　执行结果：6416
20. inline void f(int &b)
21. void fun (int n=10) 或者 void fun (int =10)　　执行结果：10025

2.4 思考题

1. 面向过程编程思想与面向对象编程思想的区别是什么？
2. 声明一个类的要点有哪些成员？
3. 数据成员和成员函数的调用方法有哪些？
4. 在面向过程的 C 语言中，已经有了结构体数据类型，为什么在 C++语言中要引入类和对象的概念？
5. 结构体和类有什么异同？
6. 重载函数的语法是什么？
7. 使用重载函数的注意事项有哪些？

项目 3
构造函数和析构函数

3.1 基础知识

3.1.1 构造函数

程序中的数据需要初始化才能使用,最好的方法是通过构造函数来进行初始化,类的构造函数由编译器自动调用,而不是由程序员调用。

构造函数承担的任务是:实例(对象)的生成与初始化。构造函数是类中的一种特殊函数,当一个类对象被创建时自动被调用。构造函数用于初始化数据成员和执行其他与创建对象有关的合适的处理过程。

1. 构造函数的定义方法

函数名与类名完全相同;构造函数无返回值;可以是有参数的,也可以是无参数的;任何一个类都至少有一个构造函数。

构造函数大体可分为两类:

(1)缺省构造函数,无调用参数(The Default Constructor)。

(2)参数化的构造函数,有调用参数(The Parameterized Constructor)。

每个类都至少有一个构造函数,因为编译器为一个类提供一个 public 型的缺省构造函数。但是,如果一个类声明任何一个构造函数,则编译器不提供 public 型的缺省构造函数。如果需要有一个缺省构造函数,程序员必须自己编写一个缺省构造函数。

2. 构造函数的重载

类的构造函数可以被重载(Be Overloaded)。但是,每个构造函数必须有不同的函数参数。当类的一个实例创建时,一个合适的构造函数被自动调用。一个类中可以根据需要定义多个构造函数,编译程序根据调用时实参的数目、类型和顺序自动找到与之匹配者。

3. 有默认值的构造函数

在实际程序设计中,有时很难估计将来对构造函数形参的组合会有怎样的要求。一种有效的策略是对构造函数也声明有缺省值的形参(Default Arguments)。

4. 构造函数初始化列表

构造函数初始化列表以一个冒号开始,接着是以逗号分隔的数据成员列表,每个数据成员后面跟一个放在括号中的初始化式。

例如：
```
class A
{
public:
    int a;
    float b;
    A(): a(0),b(9.9) {}   //构造函数初始化列表
};
class A
{
public:
    int a;
    float b;
    A()      //构造函数内部赋值
    {   a = 0;       b = 9.9;      }
};
```
初始化列表的构造函数和内部赋值的构造函数对内置类型的成员没有什么大的区别，像上面的任一个构造函数都可以。

用构造函数的初始化列表来进行初始化，写法方便、简练，尤其当需要初始化的数据成员较多时更显其优越性。对非内置类型成员变量，推荐使用类构造函数初始化列表。

但有的时候必须用带有初始化列表的构造函数，例如下面的两种情况：

（1）没有默认构造函数的成员类对象；

（2）const 成员或引用类型的成员。

5. 构造函数有如下的几种形式

（1）无参构造函数，在函数体内对各数据成员赋初值。

例如：
```
Time( )                   //定义构造成员函数,函数名与类名相同
{
hour=8;                   //利用构造函数对对象中的数据成员赋初值
 minute=10;
 sec=0;
 }
```
用户在定义对象时什么参数也不必给，系统用事先约定的值初始化。

（2）带参数的构造函数，在函数内部处理。

例如：
```
Box::Box(int h,int w,int len)    //在类外定义带参数的构造函数
{
    height=h;
    width=w;
    length=len;
}
```
用户在定义对象时必须给出实参，系统用用户给定的实参值初始化。

（3）带参数初始化表的构造函数。
```
Box( int h , int w , int len ) : height( h ) , width( w ) , length( len ) {     }
```
这种形式实际上是第 2 种的另一种写法，就是把函数体内的赋值语句写成初始化表。

（4）构造函数的重载。

```
        //声明一个无参的构造函数
    Box( );
        //声明一个有参的构造函数,用参数的初始化表对数据成员初始化
    Box( int h , int w , int len ) : height( h ) , width( w ) , length( len ) {        }
```
当定义的构造函数多于一个的时候就是构造函数的重载。这些构造函数具有相同的名字,而参数的个数或参数的类型不同。以便对类对象提供不同的初始化的方法。

（5）使用默认参数的构造函数。

```
    Box(int h=10,int w=10,int len=10);      //在声明构造函数时指定默认参数
    Box.t1();   Box.t1(5); Box.t1(5,15); Box.t1(5,15,20);
```
如果在定义对象时没有给出实参,系统就使用默认参数进行初始化。如果在定义对象时给出部分实参,系统就对给出部分不使用默认参数而使用实参。对没有给出实参的部分就取默认值。

6. 构造类成员

当一个类的对象作为另外一个类的数据成员存在时,我们称这个数据成员为类成员,或者成员对象。

在一个程序中,各个对象被构造的规则如下：

（1）局部和静态对象,以声明的顺序构造。

（2）静态对象只被构造一次。

（3）所有的全局对象都在主函数 main()之前被构造。

（4）全局对象构造时无特殊顺序。

（5）成员以其在类中声明的顺序构造。

注：析构函数被调用的顺序和构造函数完全相反。

3.1.2 析构函数

析构函数对象消亡时即自动被调用。可以定义析构函数来在对象消亡前做善后工作,比如释放分配的空间等。当对象的生命期结束时,会自动执行析构函数。如果出现以下几种情况,程序就会执行析构函数：

（1）当函数被调用结束时,对象应该释放,在对象释放前自动执行析构函数。

（2）对于 static 局部对象,只有在 main 函数结束时,才调用 static 局部对象的析构函数。

（3）对于全局对象,则在程序的流程离开其作用域时,调用该全局对象的析构函数。

（4）如果用 new 建立了一个对象,当用 delete 释放该对象时,先调用对象的析构函数。析构函数的作用并不是删除对象,而是在撤消对象占用的内存之前完成一些清理工作,使这部分内存可以分配给新对象使用。

如果定义类时没写析构函数,则编译器生成缺省析构函数。缺省析构函数什么也不做。如果定义了析构函数,则编译器不生成缺省析构函数。

析构函数的定义：函数名：~类名,它无参数,无返回值。

析构函数不返回任何值,没有函数类型,也没有函数参数。析构函数不能被重载,一个类可以有多个构造函数,一个类只能有一个析构函数。一般情况下,应当在声明类的同时定义析构函数。如果用户没有定义析构函数,C++系统会自动生成一个析构函数,但是什么操作都不进行。因此若想让析构函数完成任何工作,都必须在定义的析构函数中指定。

析构函数的主要特点：

（1）析构函数的名称和类名相同，在类名前面加上一个波浪号"~"。
（2）析构函数同构造函数一样，不能有任何返回类型，也不能有 void 类型。
（3）析构函数是无参数函数，不能重载，所以一个类只能有一个析构函数。

3.1.3 拷贝构造函数

拷贝构造函数是一种特殊的构造函数，具有一般构造函数的所有特性。拷贝构造函数创建一个新的对象作为另一个对象的拷贝。拷贝构造函数只含有一个形参，而且其形参为本类对象的引用。拷贝构造函数形如 X::X(X&)，只有一个参数即对同类对象的引用，如果没有定义，那么编译器生成缺省复制构造函数。

拷贝构造函数有两种原型，以描述日期的 Date 类为例，Date 的拷贝构造函数可以定义为如下形式：

```
Date(Date & );
```

或者

```
Date( const Date & );
```

不允许有形如 X::X(X)的构造函数，下面的形式是错误的：

```
Date(Date);
// error C2652: "Date": 非法的复制构造函数: 第一个参数不应是"Date"
```

当我们设计一个类时，若缺省的复制构造函数和赋值操作行为不能满足我们的预期，我们就不得不声明和定义我们需要的这两个函数。

如果程序员不提供一个复制构造函数，则编译器会提供一个。编译器版本的构造函数会将源对象中的每个数据成员原样拷贝给目标对象的相应数据成员。

拷贝构造函数在以下 3 种情况被调用：
（1）一个对象需要通过另外一个对象进行初始化。
（2）一个对象以值传递的方式传入函数体。
（3）一个对象以值传递的方式从函数返回。

除了当对象传入函数的时候被隐式调用以外，拷贝构造函数在对象被函数返回的时候也同样被调用。换句话说，你从函数返回得到的只是对象的一份拷贝。

3.2 实训——构造函数与析构函数的应用

3.2.1 实训目的

1. 熟悉构造函数和析构函数的概念。
2. 掌握构造函数和析构函数的定义方法。
3. 理解带默认值的构造函数的作用。
4. 熟悉拷贝构造函数的概念和定义方法。

3.2.2 实训内容与步骤

1. 请运行下列程序，并回答相关问题，从中体会构造函数的作用。

```
#include <iostream>
```

```
using namespace std;

class Time
{
private:
    int hour, minute, second;
public:
    void disp();
};

void Time::disp()
{
    cout<<hour<<"小时"<<minute<<"分钟"<<second<<"秒"<<endl;
}

int main()
{
    Time time;
    time.disp();
}
```

思考：

（1）查看程序的运行结果，你能发现其中的问题吗？

（2）给类增加一个无参数的构造函数，再次运行程序，程序结果有无变化？从中你能体会构造函数具有什么作用？

（3）在类中增加如下函数定义，再运行程序，观察运行结果有什么变化。

```
Time::Time()    //定义构造函数
{
    hour=0;
    minute=0;
    second=0;
}
```

（4）问题：请用参数列表初始化数据成员的方式改写构造函数，查看程序运行结果有无不同。

2. 阅读如下程序，试问程序中的对象 stu 有没有调用构造函数，为什么？

```
#include<iostream.h>
class student
{
private:
 int stunum;
};

int main(){
    student s;      //定义对象
    return 0;
}
```

思考：（1）如果程序改为如下形式，请问和上面的代码有什么区别和相同之处。

```
#include<iostream.h>
class student
{
public:
 student(){}        //把缺省的构造函数写出来
```

```cpp
private:
 int stunum;
};

int main(){
    student s;      //定义对象
    return 0;
}
```

（2）如果程序改为如下形式，请写出运行结果并验证结果，进一步体会构造函数的作用。
```cpp
#include<iostream.h>
class student
{
public:
 student(int num)  //构造函数
 {
  stunum = num;   //赋值
  cout<<"用户写的构造函数被调用"<<endl;
 }
private:
 int stunum;
};

int main(){
    //给 stu 对象赋初值 1001 会去调用用户定义的构造函数
    student stu(1001);  //定义对象带参数
    return 0;
}
```

（3）如果主函数改为如下代码，该如何修改类定义才可以让程序正常运行。
```cpp
int main(){
    //给 stu 对象赋初值 1001 会去调用用户定义的构造函数
    student stu(1002);
    student s;      //定义对象，学号为 1001
    return 0;
}
```

3. 阅读以下程序，请写出运行结果并验证，思考为什么会是这样的结果。
```cpp
#include <iostream.h>
class Tdate{
public:
  Tdate(){ cout<<"a"<<endl; }
  Tdate(int d){ cout<<"b"<<endl; }
  Tdate(int m,int d){ cout<<"c"<<endl; }
  Tdate(int m,int d,int y){ cout<<"d"<<endl; }
};

int main()
{
  Tdate dday(1,2,1998);
  Tdate aday;
  Tdate bday(10);
    return 0;
}
```

4. 阅读、运行下列程序，并回答相关问题，进一步熟悉构造函数、析构函数的定义、调用，理解对象构造、析构的顺序。

```cpp
#include <iostream>
using namespace std;
class Test
{
private:
    int x;
public:
    Test()
    {
        cout<<"对象地址："<<this<<"，构造函数被调用"<<endl;
        x=0;
    }
    ~Test()
    {
        cout<<"对象地址："<<this<<"，析构函数被调用"<<endl;
    }

    void print()
    {
        cout<<"数据成员：x="<<x<<endl;
    }
};

int main()
{
    Test obj1,obj2;    //创建对象时,自动调用构造函数
    obj1.print();
    obj2.print();
    return 0;
}
```

思考：

（1）析构函数有什么作用？在书写时，与构造函数有什么相同点和不同点？

（2）构造函数、析构函数的调用顺序是怎样的？

5. 阅读以下程序，把缺少的代码补充完整，使得程序可以正常运行，并回答以下问题：

（1）有几种填写方法？

（2）为何主函数中没有任何代码，屏幕上却有输出？

运行结果：

我爱我的家乡

我爱我的祖国

```cpp
#include<iostream.h>
class A{
public:
    A(){    (1)    ;}
    ~A(){   (2)    ;}
};
A me;
int main( ){ }
```

6. 假设有两个长方体，其长、宽、高分别为：（1）12，20，25；（2）10，14，20，求它们的

体积。请使用面向对象的编程方法来处理这个问题。

解题思路：这里可以采用定义长方体类的方法来解决问题，因为需要初始化对象，我们需要在类中定义带参数的构造函数。代码如下：

```cpp
#include <iostream.h>
class Box {
public:
    Box(int,int,int);          //声明带参数的构造函数
    int volume( );             //声明计算体积的函数
private:
    int height; int width; int length;
};
Box::Box(int h,int w,int len)  //在类外定义带参数的构造函数
{
height=h;
width=w;
length=len;
}
int Box::volume( )             //定义计算体积的函数
{
return ( height * width * length );
}
int main( ) {
Box box1(12,25,30);            //建立对象box1,并指定box1长、宽、高的值
 cout<<"The volume of box1 is "<<box1.volume( )<<endl;
Box box2(15,30,21);            //建立对象box2,并指定box2长、宽、高的值
 cout<<"The volume of box2 is "<<box2.volume( )<<endl;
 return 0;
}
```

思考：（1）仔细阅读程序，写出程序的运行结果，并验证。在上面代码的基础上增加一个构造函数，它是无参数的，长、宽、高分别初始化为10。

（2）如果在主函数中增加代码：Box box3（box1），该如何修改代码才能使程序正常运行？

7. 在平面几何中，我们常常需要描述平面上的一个点的坐标，它包含 x、y 两个坐标值。

（1）下面的代码描述了一个坐标点类，并在主函数中实例化了对象。

```cpp
#include <iostream>
using namespace std;

class Point
{
  public:
  Point(int xx=0,int yy=0)
  {
      x=xx;
      y=yy;
  }
  Point(Point &p);
  int GetX(){    return x;    }
  int GetY(){    return y;    }
  private:
     int x,y;
};
```

```cpp
//拷贝构造函数,形参&P为本类对象的应用
Point::Point (Point &p)
{
    x=p.x;
    y=p.y;
    cout<<"拷贝构造函数被调用"<<endl;
}
int main(void)
{
    Point A(1,2);
    /*  当用类的一个对象去初始化该类的另一个对象时,系统自动调用拷贝构造函数实现拷贝赋值    */
    Point B(A);
    cout<<B.GetX()<<endl;

    return 0;
}
```

阅读上面的程序,写出运行结果并验证。

(2)在上面程序的基础上,我们来思考如果对象作为函数的参数,那么会不会调用构造函数?阅读下面的程序,写出运行结果并验证。

```cpp
#include <iostream>
using namespace std;

class Point
{
  public:
    Point(int xx=0,int yy=0)
    {
      x=xx;
      y=yy;
    }
    Point(Point &p);
    int GetX(){    return x;    }
    int GetY(){    return y;    }
  private:
      int  x,y;
};
//拷贝构造函数,形参&P为本类对象的应用
Point::Point (Point &p)
{
    x=p.x;
    y=p.y;
    cout<<"拷贝构造函数被调用"<<endl;
}

void fun1(Point p)
{
    cout<<p.GetX()<<endl;
}

int main(void)
{
    Point A(1,2);
    fun1(A);
```

```cpp
    return 0;
}
```

（3）在上面程序的基础上，我们再来思考，如果函数的参数是对象的引用，那么还会不会调用构造函数，具体情况如何呢？阅读下面的程序，写出运行结果并验证。

```cpp
#include <iostream>
using namespace std;

class Point
{
  public:
    Point(int xx=0,int yy=0)
    {
     x=xx;
     y=yy;
    }
    Point(Point &p);
    int GetX(){     return x;     }
    int GetY(){     return y;     }
  private:
      int  x,y;
};
//拷贝构造函数，形参&P为本类对象的应用
Point::Point (Point &p)
{
    x=p.x;
    y=p.y;
    cout<<"拷贝构造函数被调用"<<endl;
}

Point fun1()
{
    cout<<"fun1 函数"<<endl;
    Point B(3,4);
    return B;     //返回对象
}

void fun2(Point &p)
{
    cout<<"fun2 函数"<<endl;
    cout<<p.GetX()<<endl;
}

int main(void)
{
    Point A(1,2);
    fun1();
    fun2(A);

    return 0;
}
```

思考：仿照以上程序设计一个程序来描述时间，具体要求如下：
定义一个 Date 类，数据成员为年、月、日。成员函数包括：

（1）构造函数 Date（int　y=2012,　int　　m=1 , int d=1）;。
（2）用下面的格式输出日期：日/月/年　　void　Display();。
（3）可运行在日期上加一天操作 void　　AddOneDay();。
（4）设置日期 void　　SetDay(int y,int m,int d);。
（5）析构函数，在其中输出"析构函数"。

最后书写主函数，定义对象，调用 AddOneDay()函数，调用输出函数 Display()，输出日期。接着调用设置日期的函数，设置为 2012 年 2 月 28 日，再调用 AddOneDay()函数，调用输出函数 Display()，输出日期。

注：其中日期加一天的函数可以参考如下代码来完成。

```
void Date::AddOneDay()
{
    if(Legal(year,month,day+1))
        day++;
    else if(Legal(year,month+1,1))
        month++,day=1;
    else if(Legal(year+1,1,1))
        day=1,month=1,year++;
}

bool Date::Legal(int y, int m, int d)
{
    if(y>9999||y<1||d<1||m<1||m>12)
        return false;

    int dayLimit=31;
    switch(m)
    {
    case 4: case 6: case 9: case 11: dayLimit--;
    }

    if(m==2)
        dayLimit = IsLeapYear(y) ? 29 : 28;

    return (d>dayLimit)? false : true;
}

bool Date::IsLeapYear(int y)
{
    return !(y%4)&&(y%100)||!(y%400);
}
```

8. 阅读以下程序，其中每个注释 "//ERROR **********found***** ********" 之后的一行有语句存在错误。请修改这些错误，使程序的输出结果为：1 2 3 4 5 6 7 8 9 10。完成之后，请体会拷贝构造函数的作用。

```
#include <iostream>
using namespace std;

class MyClass {
public:
MyClass(int len)
{
array = new int[len];
```

```
    arraySize = len;
    for(int i = 0; i < arraySize; i++)
    array[i] = i+1;
    }

    ~MyClass()
    {
    // ERROR **********found**********
    delete array[];
    }

    void Print() const
    {
    for(int i = 0; i < arraySize; i++)
    // ERROR **********found**********
    cin << array[i] << ' ';

    cout << endl;
    }
    private:
    int *array;
    int arraySize;
    };

    int main()
    {
    // ERROR **********found**********
    MyClass obj;

    obj.Print();
    return 0;
    }
```

9. 请运行下列程序, 从中体会拷贝构造函数的作用。

```
#include<iostream.h>
class A{
public:
    A(){x=0; cout<<"CA0"<<endl;}
    A(int i){x=i; cout<<"CA1"<<endl;}
    A(A &r){x=r.x; cout<<"CA2"<<endl;}
    ~A(){cout<<"DA"<<endl;}
private:
    int x;
};
void f1(A m)
{    }
void f2(A &m)
{    }
int main()
{
    A a;
    A b(a);
    f1(a);
    f2(a);
}
```

10. 请问以下代码运行会在屏幕上输出什么, 为什么?

```
#include <iostream.h>
class Tdate{
public:
    Tdate(){cout<<"A"<<endl;}
    Tdate(Tdate & t){cout<<"B"<<endl;}
    ~Tdate(){cout<<"C"<<endl;}
private:
        int x;
};

int main()
{
  Tdate days[10];
return 0;
}
```

11. 请问以下程序输出什么，为什么？（提示：构造类成员）
```
#include <iostream.h>
class A{
public:
    A(){  cout<<"构造 A"<<endl;  }
    ~A(){  cout<<"析构 A"<<endl;   }
};

class C{
public:
    C(){     cout<<"构造 C"<<endl;  }
    ~C(){    cout<<"析构 C"<<endl;  }
private:
    A  a;
    int i;
};
int main( ){
 C  c;
    return 0;
}
```

12. 把以下程序补充完整，使之可以正常运行，并思考为什么得到这样的运行结果。
```
class Point
{
  public:
    Point(int xx=0,int yy=0){X=xx; Y=yy;}
    Point (Point& p) ;
    int GetX() {return X;}
    int GetY() {return Y;}
  private:
    int X,Y;
};
_____//定义拷贝构造函数
{
  X=p.X;
  Y=p.Y;
}
int main()
{ Point A(1,2);
```

```
_____  //用对象A初始化新建对象B
    cout<<B.GetX()<<endl;
}
```

13. 已有如下类的定义，根据已有代码，把类的定义补充完整，即定义出拷贝构造函数和析构函数。（提示：深拷贝问题）

```
class Vector{
public:
  Vector(int s=100);
  Vector(Vector& v);
  ~Vector();
protected:
  int size;
  int* buffer;
};

Vector::Vector(int s)
{
  buffer=new int[size=s];
  for(int i=0; i<size; i++)
    buffer[i]=i*i;
}
```

14. 已有如下类的定义，根据已有代码，把类的定义补充完整，即定义出拷贝构造函数和析构函数。（提示：深拷贝问题）

```
class A{
public:
  A(int s=100);
  A(A & v);
  ~A();
protected:
  int * pa;
};

A::A(int s)
{
  pa=new int;
  *pa=s;
}
```

15. 定义一个银行账户类 bankAccount，银行账户具有银行账号（AccountNo），密码（password），账户余额（balance），并具有从账户取钱（withDraw）和向账户存钱（deposit）等功能。编写 main()，创建一个银行账户，同时模拟存钱取钱操作。然后为类 bankAccount 增加构造函数，构造函数要求有3个参数，分别为账号、密码、余额赋初值。

解题思路：本题是一个相对综合的题目，基本要求是创建一个银行账户类，实现简单操作，扩展部分可以将代码扩充为一个银行信息管理系统。

实验步骤：

（1）确定类中的数据成员的数据类型，这里银行账户 AccountNo 有几种选择，例如整型、字符串等，一般来说选取字符串是比较好的选择，如果选用整型，则第一位不能为0；密码一般为字符数组或者字符串类型；账户余额一般来说是长整型就可以了。

```
    int  AccountNo;          //账号id设置为6位
    char Password[8];        //密码为6位
    double Balance;          //余额
```

（2）确定类中的成员函数，题目要求有从账户取钱（withDraw）和向账户存钱（deposit）两个函数。在函数中另外还需要修改数据成员的函数等，特别注意各个函数的函数参数和函数类型。此外还需要书写构造函数，为数据成员初始化。

可以参考如下代码进行设计：
```
void setId(int i);
void setPwd(char p[]);
void setBalance (double m);
double getBalance ();
int getId();
char * getPwd();
int withDraw(double m);
void deposit(double m);
void display();
```

（3）在此基础上，分别完成各个函数的定义。从账户取钱 withDraw 函数，在定义时注意要保证账户余额足够的情况下才能完成取钱操作，而向账户存钱 deposit 函数一般不需要检查余额，具体见如下代码。其他成员函数请大家自行完成定义。

```
int Account::withDraw(double m)
    {
        if(money<m)
        {
            cout<<"余额不足"<<endl;
            return 0;
        }
        else
        {
            money -= m;
            cout<<"取款成功,账户余额："<<money<<endl;
            return 1;
        }
    }
void Account::deposit(double m)
    {
        money += m;
        cout<<"存款成功,账户余额为："
            <<money<<endl;
    }
```

（4）书写主函数，提供程序运行的入口，在主函数中实例化银行账户对象，并初始化数据，并进行存钱取钱操作。简单示例如下：

```
int main()
{
    Account a1,a2;
    a1.display();
    int id;
    char pwd[10];
    double m;
    cout<<"请依次输入账号编号,密码,余额"<<endl;
    cin>>id>>pwd>>m;
    a1.setId(id);
    a1.setMoney(m);
    a1.setPwd(pwd);
```

```
        a1.display();

    cout<<"请输入存钱数目：";
    cin>>m;
    a1.deposit(m);
    a1.display();

    cout<<"请输入取款数目：";
    cin>>m;
    a1.withDraw(m);
    a1.display();

    return 0;
}
```

思考：完成所有代码之后，请大家思考程序中的漏洞。并考虑完成以下两个功能：

（1）在取钱操作时，是不是应该先验证用户信息，才能进行取钱操作？所以在此基础上，请大家思考如何验证用户信息，才能保证账户安全，并完善代码。

（2）现实中的取款操作界面是基于操作菜单的，请思考如何修改程序才能够模拟常见的菜单操作。

3.2.3 实训总结

通过实验，掌握C++中类和对象的使用方法；熟悉构造函数和析构函数的概念；掌握构造函数和析构函数的定义方法；理解带默认值的构造函数的作用；掌握对象的构造和析构的顺序；理解类中拷贝构造函数的作用；掌握拷贝构造函数的定义方法。

3.3 习题及解析

一、选择题

1. 下列各类函数中，（   ）不是类的成员函数。
   A. 构造函数   B. 析构函数
   C. 友元函数   D. 拷贝初始化构造函数
2. 定义析构函数时，说法正确的是：（   ）。
   A. 其名与类名完全相同   B. 返回类型是 void 类型
   C. 无形参，也不可重载   D. 函数体中必须有 delete 语句
3. 类的指针成员的初始化是通过函数完成的，这个函数通常是：（   ）。
   A. 析构函数   B. 构造函数   C. 其他成员函数   D. 友元函数
4. 关于构造函数的说法，不正确的是：（   ）。
   A. 没有定义构造函数时，系统将不会调用它
   B. 其名与类名完全相同
   C. 它在对象被创建时由系统自动调用
   D. 没有返回值
5. 通常拷贝构造函数的参数是：（   ）
   A. 对象名   B. 对象的成员名   C. 对象的引用名   D. 对象的指针名

6. 下列关于成员函数特征的描述中错误的是:(　　)。
   A. 成员函数一定是内联函数　　　　　B. 成员函数可以重载
   C. 成员函数可以设置参数的默认值　　D. 成员函数可以是静态的
7. 如果没有为一个类定义任何构造函数,那么下列描述正确的是:(　　)。
   A. 编译器总是自动创建一个不带参数的构造函数
   B. 这个类没有构造函数
   C. 这个类不需要构造函数
   D. 该类不能通过编译
8. 设类 A 将其他类对象作为成员,则建立 A 类对象时,下列描述正确的是:(　　)。
   A. A 类构造函数先执行　　　　　　B. 成员构造函数先执行
   C. 两者并行执行　　　　　　　　　D. 不能确定
9. 拷贝构造函数的作用是(　　)。
   A. 进行数据类型的转换　　　　　　B. 用对象调用成员函数
   C. 用对象初始化对象　　　　　　　D. 用一般类型的数据初始化对象
10. 构造函数是在(　　)时被执行的。
    A. 程序编译　　　B. 创建对象　　　C. 创建类　　　D. 程序装入内存
11. 假定 AB 为一个类,则执行 AB x;语句时将自动调用该类的(　　)。
    A. 有参构造函数　　B. 无参构造函数　　C. 拷贝构造函数　　D. 赋值构造函数
12. 假定 AB 为一个类,则(　　)为该类的拷贝构造函数的原型说明。
    A. AB(AB x);　　B. AB(int x);　　C. AB(AB& x);　　D. void AB(AB& x);

二、填空题

13. 在定义一个对象的时候,会自动调用类中的_____函数。
14. 在撤销类的对象时,C++程序将自动调用该对象的_____函数。
15. 在使用一个对象初始化同类的另一个对象时,会自动调用类中的_____函数。
16. 根据假定 AB 为一个类,则类定义体中的"AB(AB& x);"语句为该类_____的原型语句。
17. 假定 AB 为一个类,该类中含有一个指向动态数组空间的指针成员 pa,则在该类的析构函数中应该包含有一条_____语句。
18. 如果一个成员函数只允许同一类中的成员函数调用,则应在该函数定义前加上_____C++保留字。

参考答案

1~5. C C B A C　　　　6~10. A A B C B　　　　11. ~12. B C
13. 构造函数　　　　　14. 析构函数　　　　　　15. 拷贝构造函数
16. 拷贝构造函数　　　17. delete　　　　　　　18. private

3.4 思考题

1. 构造函数的作用是什么?
2. 析构函数的作用是什么?
3. 一个类的数据成员的构造顺序是怎样的?
4. 类的一般数据和对象成员的构造顺序是怎样的?
5. 构造顺序和析构顺序有什么关系?
6. 拷贝构造函数的作用是什么?
7. 拷贝构造函数和对象做函数参数之间有什么关系?
8. 拷贝构造函数和对象引用做函数参数之间有什么关系?

项目 4
静态成员和友元

4.1 基础知识

4.1.1 静态成员

在 C++类中声明成员时可以加上 static 关键字,这样声明的成员就叫做静态成员,包括静态数据成员和静态函数成员两部分。

静态数据成员和普通数据成员区别较大,体现在下面几点:

(1)普通数据成员属于类的一个具体的对象,只有对象被创建了,普通数据成员才会被分配内存。而静态数据成员属于整个类,即使没有任何对象创建,类的静态数据成员变量也存在。

(2)因为类的静态数据成员的存在不依赖于任何类对象的存在,类的静态数据成员应该在代码中被显式地初始化,且一定要在类外进行。

(3)外部访问类的静态成员只能通过类名来访问,例如:test::getCount()。

(4)类的静态成员函数无法直接访问普通数据成员(可以通过对象名间接访问),而类的任何成员函数都可以访问类的静态数据成员。

(5)静态成员和类的普通成员一样,也具有 public、protected、private3 种访问级别,也可以具有返回值、const 修饰符等参数。

例如学习为了统计在校学生数量,那么就可以在学生类中定义一个静态数据成员:static int number;,初始化为 0。在学生类的构造函数里加上 number++,在析构函数里加上 number--。那么每生成一个学生类的实例,number 就加一;每销毁一个学生类的实例,number 就减一,这样,number 就可以记录在校学生数量。

1. 静态数据成员

类体中的数据成员的声明前加上 static 关键字,该数据成员就成为了该类的静态数据成员。和其他数据成员一样,静态数据成员也遵守 public/protected/private 访问规则。

静态数据成员的初始化是在类的定义大括号外,用类名限制。在使用时有两种引用方法:一是用类名引用(推荐);二是用对象名引用。例如:

```
class A{
private:
```

```
    int n;
    static int s;    //静态数据成员
public:
    //其他代码
};
int A::s=0;    //静态数据成员的初始化
```

静态数据成员实际上是类域中的全局变量。所以，静态数据成员的定义（初始化）不应该被放在头文件中。其定义方式与全局变量相同。

静态数据成员被类的所有对象所共享，包括该类派生类的对象。即派生类对象与基类对象共享基类的静态数据成员。

静态数据成员可以成为成员函数的可选参数，而普通数据成员则不可以。

2. 静态成员函数

在类中，静态数据成员属于一个类，类中的数据成员按照规范会设置为私有成员，这样在类外就不能直接访问这些成员。所以需要定义静态成员函数来访问这些静态数据成员，并且，一般情况下静态成员函数不访问非静态数据成员。

静态成员函数在调用时有两种方法：

一是类名::函数名()（推荐）；

二是对象名.函数名()。

静态成员函数属于整个类，在类实例化对象之前就已经分配空间了，而类的非静态成员必须在类实例化对象后才有内存空间，所以静态成员函数中不能引用非静态成员。

4.1.2 友元

我们已知道类具有封装和信息隐藏的特性。只有类的成员函数才能访问类的私有成员，程序中的其他函数是无法访问私有成员的。非成员函数可以访问类中的公有成员，但是如果将数据成员都定义为公有的，这又破坏了隐藏的特性。另外，应该看到在某些情况下，特别是在对某些成员函数多次调用时，由于参数传递、类型检查和安全性检查等都需要时间开销，而影响程序的运行效率。

为了解决上述问题，提出一种使用友元的方案。友元是一种定义在类外部的普通函数或类，但它需要在类体内进行说明，为了与该类的成员函数加以区别，在说明时前面加以关键字 friend。友元不是成员函数，但是它可以访问类中的私有成员。友元的作用在于提高程序的运行效率，但是它破坏了类的封装性和隐藏性，使得非成员函数可以访问类的私有成员。不过，类的访问权限确实在某些应用场合显得有些呆板，从而容忍了友元这一特别语法现象。

所谓友元，就是作为一个类的"朋友"，可以例外地访问它的私有成员数据或私有成员函数。友元在声明时使用关键字 friend 作为修饰字。友元有 3 种形式：

（1）声明一个普通函数为类的友元，该类的所有成员对此函数开放。

（2）声明 a 类的成员函数 fun 为 b 类的友元，a 类的成员函数 fun 可以自由访问 b 类的成员。

（3）声明 a 类为 b 类的友元：a 类的所有成员函数可以自由访问 b 类的成员。

值得注意的是，友元虽然提高了编程效率，但是却破坏了数据的封装特性，在程序中不推荐大量使用友元。

同时，我们也要注意友元具有如下特性：

（1）友元关系不具对称性。即 A 是 B 的友元，但 B 不一定是 A 的友元。

（2）友元关系不具传递性。即 B 是 A 的友元，C 是 B 的友元，但是 C 不一定是 A 的友元。

4.1.3 this 指针

this 是关键字，属于实体（entity），是一个指针右值，只能在 class、struct 和 union 类型中的非静态成员函数/函数模版 class 指针访问，指向被调成员所属的对象。静态成员中无法使用 this 指针。

我们这里主要指的是在类中使用指针，具体情况分为以下 3 种：

（1）一个对象的 this 指针并不是这个对象自身的一部分；当一个非静态成员函数调用一个对象时，对象的地址就以隐藏参数的形式通过编译器传递给了函数。

例如：
```
myDate.setMonth(3);
```
也可以这样表达：
```
setMonth(&myDate,3);
```

（2）对象的地址可以通过 this 指针在成员函数中传递。一般情况下，我们在类中访问其他成员时可以直接访问，隐藏 this 指针，这是合法的。但是有些时候，我们可以显式使用 this→或(*this)访问成员，尽管不是很必要，但有助于避免存在和成员同名的参数时的误用。

例如：
```
void Date::setMonth( int mn )
{
month = mn; // These three statements
this->month = mn; // are equivalent
(*this).month = mn;
}
```

（3）*this 这种表达形式通常是用来在成员函数中返回当前对象。

例如：
```
return *this;
```

（4）this 指针有时候也用来防止自我引用。

例如：
```
if (&myDate != this) {
    // 相关操作
}
```

4.2 实训——静态成员与友元的应用

4.2.1 实训目的

1. 理解静态成员的存储机制。
2. 掌握静态成员的定义和使用方法。
3. 理解和掌握友元的使用方法。
4. 理解 this 指针的作用。
5. 掌握显式使用 this 指针的方法。

4.2.2 实训内容与步骤

1. 阅读以下程序,并回答问题。

(1)请阅读以下程序,并回答问题:此代码能通过编译吗?运行结果是什么?为什么?

```
#include <iostream>
using namespace std;

class Point
{
public:
    void init() {          }
    static void output() {          }
};
int main()
{
    Point::init();
    Point::output();
    return 0;
}
```

(2)如果修改程序变成以下代码,请问:此程序能通过编译吗?运行结果是什么?为什么?

```
#include <iostream>
using namespace std;

class Point
{
public:
    void init() {          }
    static void output() {          }
};
int main()
{
    Point pt;
    pt.init();
    pt.output();
    return 0;
}
```

(3)请阅读以下程序,并回答问题:此代码能通过编译吗?运行结果是什么?为什么?

```
#include <iostream>
using namespace std;

class Point
{
public:
    void init() {          }
    static void output()
    {
        cout<<m<<endl;
    }
private:
    int m;
};
int main()
{
```

```
    Point pt;
    pt.output();
    return 0;
}
```

（4）请阅读以下程序，并回答问题：此代码能通过编译吗？运行结果是什么？为什么？
```
#include <iostream>
using namespace std;
class Point
{
public:
    void init()
    {
        output();
    }
    static void output() {     }
};
int main()
{
    Point pt;
    pt.init();
    return 0;
}
```

（5）请阅读以下程序，并回答问题：此代码能通过编译吗？运行结果是什么？为什么？
```
#include <iostream>
using namespace std;

class Point
{
public:
    Point()
    {
        m_PointCount++;
    }
    ~Point()
    {
        m_PointCount--;
    }
    static void output()
    {
        cout<<m_PointCount<<endl;
    }
private:
    static int m_PointCount;
};
int main()
{
    Point pt;
    pt.output();
    return 0;
}
```

思考：通过阅读并运行以上 5 个小程序，深入理解静态成员在类中定义的方法、被调用的方法，以及在类中的作用。

2. 有以下程序，运行程序时，编译器会不会报错，会不会有警告？如果有，请解释为什么会出现这些错误或者警告？怎样修改代码才可以避免？

```cpp
#include <iostream>
using namespace std;

class A
{
public:
    static int num;
};
int A::num;

int main()
{
    int *p=&A::num;
    cout<<A::num<<endl;
    cout<<*p<<endl;
    cout<<p<<endl;
    A a,b;
    cout<<a.num<<endl;
    cout<<b.num<<endl;
    return 0;
}
```

3. 在学校管理中，需要处理最多的是学生的信息，其中常常要统计学生数量，还需要计算一个班级所有学生的平均成绩等。在校学生数量对于学生类而言是共有的一个数据，可以使用静态数据成员来描述，如果这个成员的访问权限为私有成员，可以通过定义相应的静态成员函数来获取。请设计一个学生管理系统来管理在校学生的基本信息。

解题思路：一个学生类 Student，包括 no（学号）、name（姓名）、deg（成绩）、年级等数据成员，同时还可以添加两个静态变量 sum 和 num，分别存放总分和人数，另有两个普通成员函数 setdata()和 disp()，分别用于给数据成员赋值和输出数据成员的值，另有一个静态成员函数 avg()，它用于计算平均分。在 main()函数中定义了一个对象数组用于存储输入的学生数据。

步骤1：创建项目，命名为 lab4_3，修改 lab4_3.cpp 中的代码如下。

```cpp
#include <iostream>
#include <string>
using namespace std;

class student{
private:
    int no;                //学号
    string name;           //姓名
    int deg;               //成绩
    static int sum;        //静态成员,描述总分
    static int num;        //静态成员,描述学生数量
public:
    student(int n,string s,int d):no(n),name(s),deg(d){
        sum+=deg;          //构造函数
        num++;
    }
    void disp(){
        cout<<"no:"<<no<<"\t\t"
            <<"name:"<<name<<"\t\t"
```

```cpp
                <<"deg:"<<deg<<endl;
        }
        static double avg(){
            return sum/num;
        }
    };

    int student:: sum = 0;
    int student:: num = 0;

    int main(){
        student stu[3]={student(1,"zhang3",75),student(2,"li4",82),student(3,"wang5",95)};

        cout<<endl<<"所有学生的基本信息如下： "<<endl;
        for (int i=0;i<3;i++)
        {
            stu[i].disp();
        }
        cout<<endl<<"平均分 "<<student::avg()<<endl;

        return 0;
    }
```

程序的运行结果为：

所有学生的基本信息如下：

no:1   name:zhang3   deg:75
no:2   name:li4   deg:82
no:3   name:wang5   deg:95

平均分 84

步骤 2：在上面的代码中，我们直接在主函数中初始化了学生对象，计算了学生的平均分，其中使用了静态数据成员 num。在实际情况中，用户会根据需要选择不同的功能，所以我们可以给出简单的菜单选择，修改程序中的代码，如下所示。

```cpp
    #include <iostream>
    #include <string>
    using namespace std;

    class student{
    private:
        int no;                 //学号
        string name;            //姓名
        int deg;                //成绩
        static int sum;         //静态成员,描述总分
        static int num;         //静态成员,描述学生数量
    public:
        student(int n,string s,int d):no(n),name(s),deg(d){
            sum+=deg;           //构造函数
            num++;
        }
        void disp(){
            cout<<"no:"<<no<<"\t\t"
```

```cpp
                <<"name:"<<name<<"\t\t"
                <<"deg:"<<deg<<endl;
        }
        static double avg(){
            return sum/num;
        }
        static int getnum(){
            return num;
        }
    };

    int student:: sum = 0;
    int student:: num = 0;

    int main(){
        student stu[3]={student(1,"zhang3",75),student(2,"li4",82),student(3,"wang5",95)};
        int m = 1;
        while(m)
        {
            cout<<"*****************************"<<endl
                <<"******请使用数字选择菜单*******"<<endl
                <<"*    1     显示所有学生的信息       *"<<endl
                <<"*    2     查询学生数量            *"<<endl
                <<"*    3     查询学生的平均成绩       *"<<endl
                <<"*    0     退出程序               *"<<endl;
            cin>>m;
            switch(m)
            {
            case 1 : cout<<endl<<"所有学生的基本信息如下： "<<endl;
                     for (int i=0;i<3;i++)
                     {
                         stu[i].disp();
                     }
                     break;
            case 2 : cout<<endl<<"学生的总数量为:"<<student::getnum()<<endl;
                     break;
            case 3 : cout<<endl<<"平均分:"<<student::avg()<<endl;
                     break;
            case 4 : break;
            }
        }
        cout<<"退出程序,谢谢使用! "<<endl;

        return 0;
    }
```

运行结果为：
****
******请使用数字选择菜单*******
*   1   显示所有学生的信息   *
*   2   查询学生数量   *
*   3   查询学生的平均成绩   *

```
*    0    退出程序            *
1
```

所有学生的基本信息如下：
```
no:1      name:zhang3      deg:75
no:2      name:li4         deg:82
no:3      name:wang5       deg:95
***************************
******请使用数字选择菜单*******
*    1    显示所有学生的信息    *
*    2    查询学生数量         *
*    3    查询学生的平均成绩    *
*    0    退出程序            *
3
```

平均分：84
```
***************************
******请使用数字选择菜单*******
*    1    显示所有学生的信息    *
*    2    查询学生数量         *
*    3    查询学生的平均成绩    *
*    0    退出程序            *
2
```

学生的总数量为：3
```
***************************
******请使用数字选择菜单*******
*    1    显示所有学生的信息    *
*    2    查询学生数量         *
*    3    查询学生的平均成绩    *
*    0    退出程序            *
0
```
退出程序，谢谢使用！

思考：请仿照以上程序，设计一个汽车销售管理系统，能够完成进货入库、分类显示、售出出库、显示库存量等操作。

4. 有以下程序，根据注释把代码补充完整，使得类 Time 可以访问类的私有成员。并思考，为什么类 Time 可以访问 Date 类的私有成员？

```
#include <iostream>
using namespace std;
 (1)      //前向声明
class Date
{
    public:
      Date(int,int,int);
      (2)     //友元类
    private:
      int month;
      int day;
```

```cpp
        int year;
    };
Date::Date(int m,int d,int y):month(m),day(d),year(y){ }
class Time
    {
        public:
          Time(int,int,int);
          void display(const Date &);    // 成员函数
         private:
          int hour;
          int minute;
          int sec;
    };
Time::Time(int h,int m,int s):hour(h),minute(m),sec(s){ }
void Time::display(const Date &d)      //访问Date类的私有成员
    {
        cout<<d.month<<"/"<<d.day<<"/"<<d.year<<endl;
        cout<<hour<<":"<<minute<<":"<<sec<<endl;
    }
int main()
{
 Time t1(10,13,56);
 Date d1(12,25,2004);
 t1.display(d1);
 return 0;
}
```

5. 请修改以下程序，定义一个全局函数display()，它按照年/月/日，时/分/秒的格式输出对象中的数据。（提示，当全局函数声明为类的友元函数时，才可以直接访问类的私有成员。）

```cpp
#include <iostream>
using namespace std;
class Date;
class Time
    {
        public:
          Time(int,int,int);
         private:
          int hour;
          int minute;
          int sec;
    };
Time::Time(int h,int m,int s)
    { hour=h; minute=m; sec=s; }
class Date
    {
        public:
          Date(int,int,int);
         private:
          int month;
          int day;
          int year;
    };
Date::Date(int m,int d,int y){
 month=m; day=d; year=y;
}
```

```
int main()
{
 Time t1(10,13,55);
 Date d1(4,1,2013);
 display(d1,t1);
 return 0;
}
```

6. 在第 3 题的基础上，请定义一个全局函数 sort，实现根据学生成绩对学生进行排序的功能，注意只有当全局函数是类的友元函数时，它才能访问类的私有成员。

4.2.3 实训总结

通过本章的学习，能够理解静态数据成员的作用。静态数据成员解决了同类对象之间的数据共享问题，促进了类的封装性，保证了安全性，节省了内存。同时，掌握友元的 3 种形式，理解 this 指针在类中的作用。

4.3 习题及解析

一、选择题

1. 下列静态数据成员的特性中，错误的是（　　）。
   A. 静态数据成员的声明以关键字 static 开头
   B. 静态数据成员必须在文件作用域内初始化
   C. 引导数据成员时，要在静态数据成员前加类名和作用域运算符
   D. 静态数据成员不是类所有对象共享的
2. 关于静态成员的描述中，（　　）是错误的。
   A. 静态成员可分为静态数据成员和静态成员函数
   B. 静态数据成员定义后必须在类体内进行初始化
   C. 静态数据成员初始化不使用其构造函数
   D. 静态数据成员函数中不能直接引用非静态成员
3. 如果类 A 被说明成类 B 的友元，则（　　）。
   A. 类 A 的成员即类 B 的成员
   B. 类 B 的成员即类 A 的成员
   C. 类 A 的成员函数不得访问类 B 的成员
   D. 类 B 不一定是类 A 的友元
4. 关于对象和类的关系，说法正确的是（　　）。
   A. 同属于一类的对象，具有相同的数据成员和成员函数
   B. 对象是具体，是类的对象，同其他变量一样，先定义后使用
   C. 同一类的不同对象，其具有的操作可不同，具体的操作也不同
   D. 不同类的对象，可有相同的操作

二、填空题

5. 若要把类 FriendClass 定义为类 MyClass 的友元类，则应在类 MyClass 的定义中加入语句_____。

6. 若要把函数 void FriendFunction()定义为类 MyClass 的友元函数，则应在类 MyClass 的定义中加入语句_____。

7. 非成员函数应声明为类的_____才能访问这个类的 private 成员。

8. 静态成员属于_____，而不属于_____，它由同一个类的所有对象共同维护，为这些对象所共享。静态函数成员可以直接引用该类的_____和函数成员，而不能直接引用_____。

9. 对于公有的静态函数成员，可以通过_____或_____来调用；而一般的非静态函数成员只能通过对象名来调用。

10. C++规定，当一个成员函数被调用时，系统会自动向它传递一个隐含的参数，该参数是一指向该函数调用的对象的指针。这个指针是_____指针。

11. 有如下定义语句：X *P;，则执行 p=new X;语句时，将自动调用该类的_____。执行 delete p;语句时，将自动调用该类的_____。

12. 静态数据成员在定义或说明时前面要加上关键字_____。

13. 将关键字 const 写在成员函数的_____和_____之间时，所修饰的是 this 指针。

14. 当初始化 const 成员和引用成员时，必须通过_____进行。

15. 静态成员具有_____属性，static 仅有的含义是指该成员为类的所有对象_____。

16. 全局对象和静态对象的析构在程序运行结束_____调用。

17. 友元关系不具有_____性，即说明类 A 是类 B 的友元时，类 B 不一定是类 A 的友元。

18. new 和_____一起作用，free 与_____一起使用。

19. 静态成员函数、友元函数、构造函数和析构函数中，不属于成员函数的是_____。

参考答案

1～4. D B D A
5. friend FriendClass; 6. friend void FriendFunction(); 7. 友元
8. 整个类 对象 静态数据成员 非静态数据成员
9. 类名 对象名 10. this 11. 构造函数 析构函数
12. static 13. 函数头部 函数体
14. 初始化列表 15. 全局数据 共有（共享）
16. 之后 17. 对称 18. delete malloc 19. 友元函数

4.4 思考题

1. 什么是 this 指针？
2. this 指针的作用是什么？
3. 怎么定义静态数据成员？如何初始化？
4. 静态成员函数的作用是什么？使用原则一般是什么？
5. 友元的作用是什么？友元有哪几类？

项目 5 继承与派生

5.1 基础知识

5.1.1 类之间的关系

C++中的类之间可能存在以下几种关系：关联（association）、依赖（dependency）、聚合（Aggregation，也有的称聚集）、组合（Composition）、泛化（generalization，也有的称继承）、实现（Realization）。

关联是指两个类之间存在某种特定的对应关系，例如教师和学生，每个学生都有自己的老师，一个老师可以对应很多学生。

依赖指的是类之间的调用关系。类 A 访问类 B 的属性或方法，或者类 A 负责实例化类 B，那么就说类 A 依赖于类 B。和关联关系不同的是，无需在类 A 中定义类 B 类型的属性。例如自行车和打气筒，自行车通过打气筒来充气，那么就需要调用打气筒的充气方法。

聚合是整体与部分之间的关系。例如汽车和轮胎，汽车是一个整体，轮胎是其中的一部分，除了轮胎，汽车还有其他部件。聚合中类之间可以独立出来，比如一个轮胎可以安装在 A 汽车上，也可以安装在 B 汽车上。

组合中的类也是整体与部分的关系，与聚合不同的是，其中的类不能对立出来。例如一个人由头、手、腿和躯干等组成，如果这个头离开了这个人，那么这个头就没有任何意义了。

在实现上，聚合和组合的代码几乎相同，单凭代码是无法区分两个类之间是聚合还是组合的关系的，所以就需要结合实际的业务环境来区分。例如汽车和轮胎，车主买了一辆汽车，上边肯定是有轮胎的，在这个业务中，轮胎和汽车是组合关系，它们分开就没有实际意义了。在汽车修理店，汽车可以更换轮胎，所以在汽修店的业务环境中，汽车和轮胎就是聚合的关系，轮胎离开汽车是有业务意义的。

泛化比较好理解，就是两个类之间具有继承关系。例如人和学生，学生继承了人，除了具有人的一般的属性和方法之外，他还要有学习的方法。对应的 UML 图如图 5-1 所示。

值得注意的是，关联、依赖、聚合、组合的关系很容易搞混。当对象 A 和对象 B 之间存在关联、依赖、聚合或

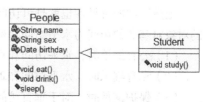

图 5-1 人和学生继承关系图

者组合关系时，对象 A 都有可能调用对象 B 的方法。这是它们的相同之处。另外它们还有自己的特征。

更简单来说，我们认为类和类之间存在以下两种关系：

（1）"has a"：A car has wheels, engines, …

（2）"is a"：A Manager is an Employee.

"has a"关系即组合关系，通过定义类的属性的方式实现的；

"is a"关系即继承关系，通过类继承实现。

5.1.2 继承

关于基类和派生类的关系，可以表述为：派生类是基类的具体化，而基类则是派生类的抽象。在程序中使用继承必须满足的一定的逻辑关系，即如果写了一个基类 A，又写了基类 A 的派生类 B，那么要注意，"一个 B 对象也是一个 A 对象"这个命题从逻辑上成立，是 A 派生出 B 为合理派生的必要条件。

通过继承机制，可以利用已有的数据类型来定义新的数据类型。所定义的新的数据类型不仅拥有新定义的成员，而且还同时拥有旧的成员。我们称已存在的用来派生新类的类为基类，又称为父类。由已存在的类派生出的新类称为派生类，又称为子类。

C++类继承中总共可以通过 3 个方式来实现，包括：公有继承（public）、私有继承（private）、保护继承（protected）等。继承可以使现有的代码具有可重用性和可扩展性。但是，在 C++的编程规范中（如 google 的编程规范），不建议使用私有继承和保护继承，而是使用组合方式。

1. 公有继承

公有继承（public）的特点是基类的公有成员和保护成员作为派生类的成员时，它们都保持原有的状态，而基类的私有成员仍然是私有的，不能被这个派生类的子类所访问。

在公有继承时，派生类的对象可以访问基类中的公有成员；派生类的成员函数可以访问基类中的公有成员和保护成员。这里，一定要区分清楚派生类的对象和派生类中的成员函数对基类的访问是不同的。

2. 私有继承

私有继承（private）的特点是基类的公有成员和保护成员都作为派生类的私有成员，并且不能被这个派生类的子类所访问。在私有继承时，基类的成员只能由派生类中的成员函数访问，而且无法再往下继承。

3. 保护继承

保护继承（protected）的特点是基类的所有公有成员和保护成员都成为派生类的保护成员，并且只能被它的派生类成员函数或友元访问，基类的私有成员仍然是私有的。

这种继承方式与私有继承方式的情况相同。两者的区别仅在于对派生类的成员而言，对基类成员有不同的可见性。

上述所说的可见性也就是可访问性。关于可访问性还有另一种说法。这种规则中，称派生类的对象对基类的访问为水平访问，称派生类的派生类对基类的访问为垂直访问。包含的规则有：

（1）公有继承时，水平访问和垂直访问对基类中的公有成员不受限制；

（2）私有继承时，水平访问和垂直访问对基类中的公有成员也不能访问；

（3）保护继承时，对于垂直访问同于公有继承，对于水平访问同于私有继承。

对于基类中的私有成员，只能被基类中的成员函数和友元函数所访问，不能被其他的函数访问。

5.1.3 派生

任何一个类都可以派生出一个新类，派生类也可以再派生出新类，因此，基类和派生类是相对而言的。下面来看一个例子。

```
class parent {    }
class son : public parent{    }
```

上面的代码完成了如下的工作：

（1）派生类对象存储了基类的数据成员（派生类继承了基类的实现）。

（2）派生类对象可以使用基类的方法（派生类继承了基类的接口）。

在这里，派生类需要进行下面的工作：

（1）需要自己的构造函数。

（2）可以根据需要添加额外的数据成员和成员函数。

派生类构造函数的访问权限，派生类不能直接访问基类的私有成员，而必须通过基类方法进行访问。具体地说就是，派生类构造函数必须使用基类构造函数。创建派生类对象时，程序首先是创建基类的对象，在C++使用成员初始化列表句法来完成继承工作。例如：

```
son::son(int r,const char *p,const char *pp,bool vb):parent(r,p,vb)
{
    ……
}
```

当然，也可以省略成员初始化列表：

```
son::son(int r,const char *p,const char *pp,bool vb)
{
    ……
}
```

如此一来，对象首先被创建，如果不调用基类构造函数，程序将使用默认的基类构造函数，因此上面的构造方式和下面的构造方式相同：

```
son::son(int r,const char *p,const char *pp,bool vb):parent()
{
    ……
}
```

派生类构造函数有一些重要的性质需要注意：

（1）基类对象首先被创建。

（2）派生类构造函数应通过成员初始化列表将基类信息传递给基类构造函数。

（3）派生类构造函数应该初始化派生类新增的数据成员。

（4）在进行对象释放的时候，顺序与创建对象时是相反的，即派生类对象首先被释放，之后才是基类对象。

5.1.4 多重继承

C++编程语言的应用范围比较广泛，能够以一种简单灵活的方式帮助开发人员实现许多功能。在C++类继承中，一个派生类可以从一个基类派生，也可以从多个基类派生。从一个基类派生的继承称为单继承；从多个基类派生的继承称为多继承。

多重继承的定义格式为：在派生类名和冒号之后列出所有基类的类名，并用逗号分隔。

```
class Derived : public Base1, public Base2, …
{    //类体    };
```

但是多重继承会给程序带来混淆,例如二义性。例如:
```
class BC0 {
public: int K;   };
class BC1 : public BC0
{ public:    int x;   };
class BC2 : public BC0
{   public: int x;   };
class DC : public BC1, public BC2
{   };
```
在这种情况下,类 DC 中有从 BC1 继承来的变量 K,也有从 BC2 中继承来的变量 K,这两个变量其实都来自基类 BC0,这就导致访问出现二义性。

为了解决这一问题,引入了虚继承概念,它使得通过不同路径继承的基类的数据只有一份拷贝。定义的方法是使用关键字 virtual,这时,基类被称为虚基类。

上面的代码可以改为如下形式:
```
class BC0 {
public: int K;   };
class BC1 : virtual public BC0
{ public:    int x;   };
class BC2 : virtual public BC0
{   public: int x;   };
class DC : public BC1, public BC2
{   };
```

5.2 实训——继承与派生的应用

5.2.1 实训目的

1. 熟悉继承和派生的概念。
2. 掌握继承和派生类的方法。
3. 掌握派生类的构造函数的书写格式。
4. 理解派生类的构造顺序。
5. 掌握多重继承的格式。
6. 理解多重继承中的二义性及解决方法。
7. 掌握虚继承的定义方法。

5.2.2 实训内容与步骤

1. 阅读下面的程序,其中类 B 继承自类 A,请完成程序填空部分,并写出程序运行结果。
```
#include <iostream>
using namespace std;
class A
{
public:
    int a;
    int b;
private:
    int c;
```

```
protected:
    int d;
};
class B: (1)
{
    int c;
};
int main( )
{
    cout <<"size of A is"<< sizeof(A)<<endl;
    cout <<"size of B is"<< sizeof(B)<<endl;
    return 0;
}
```

2. 设有以下关于人 person 类的定义，在此基础上派生出一个运动员 athlete 类，用以描述运动员的身高、体重、从事的运动（例如网球、技术特点，例如左手握拍、防守反击型、跑动能力强）。请把代码补充完整，并完成主函数，使得程序可以正常运行。

```
class  person
{
public:
    person(string n,double h,double w):height(h),weight(w),name(n){}
    void dowork(){}
protected:
    double  height;
    double  weight;
    string  name;
};

class athlete: (1){    //公有继承
public:
    athlete(string n,double h,double w): (2){}
       (3)     {      //改写dowork函数
         cout<<"tenis player, "
            <<name<<" ,with "
            <<height<<"feets"
            <<weight<<"pounds,right hand,counterattack,strong running ability.";
    }
};
```

3. 请写出下面程序段的运行结果，并上机验证结果，解释为什么。

```
#include<iostream.h>
class A{
public:
    A(int x, int y):n(x),m(y){
    cout<<"A 构造函数"<<n;
 }
protected:
    int m;
private:
    int n;
};
class B:protected A{
public:
    B(int x, int y):A(x,y){    cout<<"B 构造函数"; }
```

```
        void df(){  cout<<m;  }
};
int main(){
    B d1(15,20);
    d1.df();
    return 0;
}
```

4. 阅读下面的程序，并根据运行结果，把程序补充完整。

```
#include <iostream>
using namespace std;

class B
{
public:
    B (int i):x(i)
    {    cout<<"B 构造"<<x<<endl;    }
    ~B()
    {    cout<<"B 析构"<<x<<endl;    }
private:
    int x;
};
class D: (1)
{
public:
    D(int i, int j) :(2)
    {      (3)   ;
        cout<<"D 构造"<<y<<endl;
    }
    ~D()
    {    cout<<"D 析构"<<y<<endl;    }
private:
    int y;
};
int main()
{
    D d(2,5);
    return 0;
}
```

运行结果为：

B 构造 5
D 构造 2
D 析构 2
B 析构 5

5. 阅读以下程序，请写出运行结果并验证。

```
#include<iostream>
using namespace std;

class A
{
protected:
    int data;
```

```cpp
public:
    A(int d = 0){
        data = d;
    }
    int GetData(){
        return data;
    }
    ~A(){
      cout<<"A destructor"<<endl;
    }
};

class B : public A
{
protected:
    int data;
public:
    B(int d = 1){
        data = d;
    }
    int GetData(){
        return data;
    }
    ~B(){
     cout<<"B destructor"<<endl;
    }
};

class C : public B
{
protected:
    int data;
public:
    C(int d = 2)
    {
        data = d;
    }
    ~C(){
     cout<<"C destructor"<<endl;
    }
};

int main ()
{
   C c(10);

   cout << c.GetData() <<endl;
   cout << c.A::GetData() <<endl;
   cout << c.B::GetData() <<endl;
   cout << c.C::GetData() <<endl;

   return 0;
}
```
运行结果为：
1

```
0
1
1
C destructor
A destructor
B destructor
```

思考：为什么程序会得出以上运行结果。如果程序改为如下形式，那么运行结果会变成什么？

```cpp
#include<iostream>
using namespace std;

class A
{
protected:
    int data;
public:
    A(int d = 0){
        data = d;
    }
    int GetData(){
        return data;
    }
    ~A(){
        cout<<"A destructor"<<endl;
    }
};

class B : public A
{
protected:
    int data;
public:
    B(int d = 1){
        data = d;
    }
    int GetData(){
        return data;
    }
    ~B(){
        cout<<"B destructor"<<endl;
    }
};

class C : public B
{
protected:
    int data;
public:
    C(int d = 2)
    {
        data = d;
    }
    int GetData(){
        return data;
    }
    ~C(){
```

```
        cout<<"C destructor"<<endl;
        }
};

int main ()
{
    C c(10);

    cout << c.GetData() <<endl;
    cout << c.A::GetData() <<endl;
    cout << c.B::GetData() <<endl;
    cout << c.C::GetData() <<endl;

    return 0;
}
```

6. 阅读以下程序，请写出运行结果并验证。

```
#include<iostream>
using namespace std;

class A{
    public:
        int n;
};
class B:virtual public A{ };
class C:virtual public A{ };
class D:public B,public C
{
    int getn(){
        return B::n;
    }
};

int main(){
    D d;
    d.B::n=10;
    d.C::n=20;
    cout<<d.B::n<<","<<d.C::n<<endl;
    return 0;
}
```

7. 圆形、三角形和长方形都可以看作是多边形，如果在一个程序中描述这个类，我们可以定义一个基类 Shape，再派生出各个类。

解题思路：首先考虑基类 Shape 的成员：

（1）私有的 int 类型属性 x 和 y，分别表示图形的中心点坐标；

（2）有参构造函数，参数有缺省值，对 x 和 y 进行初始化；

（3）draw()方法，输出"draw in Shape"，x 和 y 的取值；

（4）提供属性的 get 和 set 操作；

代码实现如下：

```
/***************
*    shape.h
***************/
#ifndef SHAPE_H_
#define SHAPE_H_
```

```
class Shape    // 定义图形类，成员为图形中心
{
    int x, y;
public:
    Shape(int a=0, int b=0);
    void draw( );
    int Getx( );
    int Gety( );
    void Setxy(int a, int b);
};
#endif /* SHAPE_H_ */

/***************
 *    shape.cpp
 ***************/
#include <iostream>
using namespace std;
#include"shape.h"
const float PI =  3.14159;

Shape::Shape(int a, int b){
    x=a;
    y=b;
}
void Shape::draw( ){
    cout<<" draw in Shape :("<<x<<','<<y<<")"<<endl;
}
int Shape::Getx( ){
    return x;
}
int Shape::Gety( )    {
    return y;
}
void Shape::Setxy(int a, int b){
    x=a;
    y=b;
}
```

其次，从 Shape 类中派生出 Circle 类，成员如下：

（1）私有 int 类型属性 r，表示圆的半径；
（2）构造函数，有参数，含缺省值，对 x、y、r 进行初始化；
（3）draw()方法，输出 "draw in circle" 和 x，y，r 的值；
（4）实现 get 和 set 操作；
（5）实现 area 操作；
（6）实现平移圆心操作 Move()。

代码如下：

```
/***************
 *    circle.h
 ***************/
#ifndef CIRCLE_H_
#define CIRCLE_H_
#include "shape.h"
```

```cpp
class Circle: public Shape                    // 定义"圆"类，公有继承
{
    int r;                                    //"圆"的半径
public:
    Circle(int x, int y, int ra);
    void Setr(int ra);
    double Area( ) ;                          //求圆的面积
    void Move(int x_offset, int y_offset);    //将圆心坐标平移
    void drawCircle( );
};
#endif /* SHAPE_H_ */


/***************
 *    circle.cpp
 ***************/

#include <iostream>
using namespace std;
#include"circle.h"

const double PI = 3.14159;

Circle::Circle(int x, int y, int ra) : Shape(x, y)
{   r = ra;    }
void Circle::Setr(int ra){
    r = ra;
}
double Circle::Area( ){                       //求圆的面积
    return PI*r*r;
}
void Circle::Move(int x_offset, int y_offset){  //将圆心坐标平移
    int x1=Getx( );                           //存取基类的私有成员
    int y1=Gety( );
    x1 += x_offset; y1 += y_offset;
    Setxy(x1, y1);
}
void Circle::drawCircle( ){
    draw( );
cout<<" draw in circle: "<<'\t';
cout<<" Radius: "<<r<<'\t';
    cout<<"Area: "<<Area( )<<endl;
}
```

最后书写主函数测试以上代码：

```cpp
/***************
 *    lab6_7.cpp
 ***************/
#include "circle.h"
int main( )
{
    Circle c(1, 1, 1);
    c.ShowCircle( );
    c.Move(1, 2);
    c.ShowCircle( );
```

```cpp
        c.Setxy(4, 5);              //重新设置圆心坐标
        c.Setr(2);                  //重新设置半径值
        c.ShowCircle( );

        return 0;
    }
```

思考：请在已有代码的基础上，添加长方形 Rectangle 类，继承自 Shape 类，要求如下：
（1）私有 int 类型属性 height 和 width，表示矩形的高和宽；
（2）构造函数，有参数，含缺省值，对 x、y、height 和 width 进行初始化；
（3）draw()方法，输出"draw in rectangle"和 x、y、height、width 的值；
（4）实现 area()方法；

改写主函数，测试以上代码。进一步在主函数中定义基类 Shape 的对象数组，使用已定义的派生类对象对数组进行赋值，测试每个成员函数的功能，查看输出结果，解释为什么。

8. 一个立方体 Box 可以视为在一个矩形 Rectangle 的相互正交的长 length 和宽 width 的基础上增加一维与 length 和 width 相互正交的高 height 而生成的。

定义具有继承关系的矩形类 Rectangle 和立方体类 Box。两个类中除了具有共同的属性 length 和 width，还具有相同的接口（公有成员函数）Area（计算矩形面积立方体面积）、Perimeter（计算矩形周长或立方体周长）、Diagmonal（计算矩形对角线或立方体对角线的长度）、GetLength（获取长度属性）、GetWidth（获取宽度属性）、SetLength（设置长度属性）和 SetWidth（设置宽度属性）。除此之外，立方体类 Box 还需要增加 height 属性和接口函数 Volume（计算立方体的体积）、GetHeight（获取高度属性）和 SetHeight（设置高度属性）。

这里给出基类的定义，请把派生类补写完整，并添加主函数，测试各功能。

```cpp
class Retangle{
protected:
    double length;
    double width;
public:
    Retangle(double l, double w):length(l),width(w){}
    double Area();
    double Perimeter();
    double Diagonal();
    double GetLength();
    double GetWdith();
    void SetLength();
    void SetWidth();
};
double Retangle::Area(){
    return length*width;
}

double Retangle::Perimeter(){
    return 2*length*width;
}

double Retangle::Diagonal(){
    return sqrt(length*length+width*width);
}

double Retangle::GetLength(){
```

```cpp
        return length;
    }

    double Retangle::GetWdith(){
        return width;
    }

    void Retangle::SetLength(){
        cin>>length;
    }

    void Retangle::SetWidth(){
        cin>>width;
    }
```

9. 在学校的信息管理系统中，我们需要处理教师的信息，也要处理学生的信息，在程序中，我们可以从教师类和学生类中提取系统属性定义一个基类，再分别派生出这两个类。请设计一个简单的学校信息管理系统。

解题思路：综合考虑教师类和学生类的属性，提取基类 person 类的属性、姓名、性别、年龄、显示信息、设置信息等，我们来看一下一种解决方法。(提示，有很多种解决方法，我们这里给出一种参考代码。)

步骤1：定义基类 person 类。

```cpp
/***************
 *    person.h
 ***************/

#ifndef PERSON_H_
#define PERSONH_

#include <string>
using namespace std;

class Person{
protected:
    string name;
    char sex;
    int age;
public:
    Person(string n=" ",char s='m',int a=0);    //构造函数
    Person(Person &a);                           //拷贝构造函数
    void Display();
    void set(string n,char s,int a);
    void copy(Person &a);                        //复制人员信息
};
#endif /* PERSON_H_ */

/***************
 *    person.cpp
 ***************/
#include "person.h"
#include <iostream>
using namespace std;
```

```cpp
Person::Person(string n,char s,int a)
                :name(n),sex(s),age(a){
    //cout<<"construct"<<endl;
}
Person::Person(Person &a){
    //cout<<"copy constructor"<<endl;
    name=a.name;
    sex=a.sex;
    age=a.age;
}
void Person::Display(){
        cout<<"姓名: "<<name<<"性别: "<<sex<<"年龄: "<<age<<endl;
}
void Person::set(string n="",char s='m',int a=20){
    name=s;
    sex=s;
    age=a;
}
void Person::copy(Person &a){
    name=a.name;
    sex=a.sex;
    age=a.age;
}
```

步骤2：派生出学生类，增加的属性有C++期末成绩：float cpp，C++考勤次数：int count，C++综合成绩 float score()等属性。

```cpp
/***************
 *   student.h
 ***************/
#ifndef STUDENT_H_
#define STUDENT_H_

#include "person.h"

class student : public Person
{
protected:
    float cpp;
    int count;
public:
    student(string n="张三",char s='m',int a=20,float c=60,int ct=10);
    double score();
    void Display();
    void copy(student & a);
};
#endif /* STUDENT_H_ */
/***************
 *   student.cpp
 ***************/
#include "student.h"
#include <iostream>
using namespace std;

student::student(string n,char s,int a,float c,int ct)
```

```
                        :Person(n,s,a),cpp(c),count(ct){}
double student::score(){
    if (count>5){
        return cpp*0.9+count;
    }
    else{
        return cpp*0.9;
    }
}
void student::Display(){
    cout<<endl<<"学生信息："<<endl
        <<"姓名："<<name<<" 性别："<<sex
        <<"年龄："<<age<<" cpp 成绩："<<cpp
        <<"考勤："<<count<<" 综合成绩："<<score()<<endl;
}
void student::copy(student & a){
    this->name=a.name;
    sex=a.sex;
    age=a.age;
    cpp=a.cpp;
    count=a.count;
}
```

步骤3：书写主函数，测试功能。

```
/***************
*   lab6_9.cpp
***************/

#include "student.h"

int main( )
{
    student s1;
    student s2("李思思" , 'f' , 19 , 94 , 7);

    s1.Display();
    s2.Display();

    s1.copy(s2);
    s1.Display();

    return 0;
}
```

运行结果为：

学生信息：

姓名：张三 性别：m 年龄：20 cpp 成绩：60 考勤：10 综合成绩：64

学生信息：

姓名：李思思 性别：f 年龄：19 cpp 成绩：94 考勤：7 综合成绩：91.6

学生信息：

姓名：李思思 性别：f 年龄：19 cpp 成绩：94 考勤：7 综合成绩：91.6

思考：（1）根据已有代码，派生出教师类，并测试功能。

（2）仿照项目 4 的内容，修改程序，使得程序可以输入数据，修改数据，有菜单选项。

（3）在程序中学生类和教师类有着怎样的关系，如果没有，该如何去建立关系？如果我们设定一个老师对应一个班级，班级中包含学生，该如何修改程序，才能描述这种情况？

5.2.3 实训总结

通过本实验，掌握继承和派生的概念，以及构造一个派生类，包括以下 3 部分工作：（1）从基类接收成员；（2）处理从基类接收的成员；（3）在声明派生类时增加的成员。

同时，掌握继承和派生的概念和使用方法，以及派生类的构造函数的构造方法。理解多重继承的二义性以及解决方法。

5.3 习题及解析

一、选择题

1. 在 C++中，类与类之间的继承关系具有（　　）。
   A. 自反性　　　　B. 对称性　　　　C. 传递性　　　　D. 反对称性
2. 在公有继承的情况下，基类的成员（私有的除外）在派生类中的访问权限（　　）。
   A. 受限制　　　　B. 保持不变　　　C. 受保护　　　　D. 不受保护
3. 在保护继承的情况下，基类的成员（私有的除外）在派生类中的访问权限（　　）。
   A. 受限制　　　　B. 保持不变　　　C. 受保护　　　　D. 不受保护
4. 在哪种派生方式中，派生类可以访问基类中的 protected 成员（　　）。
   A. public 和 private
   B. public、protected 和 private
   C. protected 和 private
   D. 仅 protected
5. 当一个派生类仅有 protected 继承一个基类时，基类中的所有公有成员成为派生类的（　　）。
   A. public 成员　　B. private 成员　　C. protected 成员　　D. 友元
6. 不论派生类以何种方法继承基类，都不能使用基类的（　　）。
   A. public 成员
   B. private 成员
   C. protected 成员
   D. public 成员和 protected 成员
7. 下面叙述错误的是（　　）。
   A. 基类的 protected 成员在派生类中仍然是 protected 的
   B. 基类的 protected 成员在 public 派生类中仍然是 protected 的
   C. 基类的 protected 成员在 private 派生类中是 private 的
   D. 基类的 protected 成员不能被派生类的对象访问
8. 下列说法中错误的是（　　）。
   A. 保护继承时基类中的 public 成员在派生类中仍是 public 的
   B. 公有继承时基类中的 protected 成员在派生类中仍是 protected 的
   C. 私有继承时基类中的 public 成员在派生类中是 private 的
   D. 保护继承时基类中的 public 成员在派生类中是 protected 的
9. 下面叙述错误的是（　　）。

A. 派生类可以使用 private 派生
B. 对基类成员的访问必须是无二义性的
C. 基类成员的访问能力在派生类中维持不变
D. 赋值兼容规则也适用于多继承的组合

10. 派生类的构造函数的成员初始化列表中不能包含（   ）。
    A. 基类的构造函数   B. 派生类中子对象的初始化
    C. 基类中子对象的初始化   D. 派生类中一般数据成员的初始化

11. 下列虚基类的声明中，正确的是：（   ）
    A. class virtual B: public A   B. class B: virtual public A
    C. class B: public A virtual   D. virtual class B: public A

12. 下面对派生类的描述中，错误的是（   ）。
    A. 一个派生类可以作为另外一个派生类的基类
    B. 派生类至少有一个基类
    C. 派生类的成员除了它自己的成员外，还包含了它的基类的成员
    D. 派生类中继承的基类成员的访问权限到派生类中保持不变

13. 下列对友元关系叙述正确的是（   ）。
    A. 不能继承
    B. 是类与类的关系
    C. 是一个类的成员函数与另一个类的关系
    D. 不能提高程序的运行效率

14. 当保护继承时，基类的（   ）在派生类中成为保护成员，不能通过派生类的对象来直接访问。
    A. 任何成员   B. 公有成员和保护成员
    C. 公有成员和私有成员   D. 私有成员

15. 设置虚基类的目的是（   ）。
    A. 简化程序   B. 消除二义性   C. 提高运行效率   D. 减少目标代码

16. 在公有派生情况下，有关派生类对象和基类对象的关系，不正确的叙述是（   ）。
    A. 派生类的对象可以赋给基类的对象
    B. 派生类的对象可以初始化基类的引用
    C. 派生类的对象可以直接访问基类中的成员
    D. 派生类的对象的地址可以赋给指向基类的指针

17. 有如下类定义：
```
class MyBASE{
       int k;
public:
    void set(int n) {k=n;}
    int get( ) const {return k;}
};
class MyDERIVED: protected MyBASE{
protected;
    int j;
public:
    void set(int m,int n){MyBASE::set(m);j=n;}
```

```
        int get( ) const{return MyBASE::get( )+j;}
};
```
则类 MyDERIVED 中保护成员个数是（　　）。
  A. 4   B. 3   C. 2   D. 1

18. 类 A 定义了私有函数 fun。P 和 Q 为 A 的派生类，定义为
```
class P: protected A{……};
class Q: public A{……}。
```
（　　）可以访问 F1。
  A. A 的对象 B. P 类内 C. A 类内 D. Q 类内

19. 有如下类定义：
```
class XA{
int x;
    public:
        XA(int n) {x=n;}
    };
class XB: public XA{
    int y;
 public:
    XB(int a,int b);
};
```
在构造函数 XB 的下列定义中，正确的是（　　）。
  A. XB::XB（int a, int b）: x(a), y(b){ }
  B. XB::XB（int a, int b）: XA(a), y(b){ }
  C. XB::XB（int a, int b）: x(a), XB(b){ }
  D. XB::XB（int a, int b）: XA(a), XB(b){ }

20. 有如下程序：
```
#include<iostream>
using namespace std;
class Base{
private:
    void fun1( ) const {cout<<"fun1";}
protected:
    void fun2( ) const {cout<<"fun2";}
public:
    void fun3( ) const {cout<<"fun3";}
};
class Derived : protected Base{
 public:
    void fun4( ) const {cout<<"fun4";}
};
int main(){
    Derived obj;
    obj.fun1( );   //①
    obj.fun2( );   //②
    obj.fun3( );   //③
    obj.fun4( );   //④
}
```
其中没有语法错误的语句是（　　）。

A. ①　　　　　　B. ②　　　　　　C. ③　　　　　　D. ④

二、填空题

21. 派生类对基类的继承有3种方式：_____、_____ 和 _____。
22. 设置虚基类的目的是 _____，可通过 _____ 标识虚基类。
23. 类继承中，缺省的继承方式是 _____。
24. 当用 protected 继承从基类派生一个类时，基类的 public 成员成为派生类的 _____ 成员，protected 成员成为派生类的 _____ 成员。
25. 指向基类的对象的指针变量也可以指向 _____ 的对象。
26. 当公有派生时，基类的公有成员成为派生类的 _____；保护成员成为派生类的 _____；私有成员成为派生类的 _____。
27. 派生类的构造函数一般有 3 项工作要完成：首先基类初始化，其次 _____，最后 _____。

参考答案

1～5. C B C B C　　　6～10. B A A C C　　　11～15. B D A B B　　　16～20. C B C B D
21. public　　protected　　private　　22. 为了消除二义性　virtual　　23. private
24. protected　　protected　　　　　25. 公有派生类
26. 公有成员　　保护成员　　不能直接访问成员
27. 成员对象初始化　　执行派生类构造函数体

5.4　思考题

1. 什么是继承？
2. 继承和派生的使用方法是什么？
3. 派生类的构造函数的书写格式有什么要求？
4. 派生类的构造函数的构造顺序是什么？

项目 6 多态与抽象类

6.1 基础知识

6.1.1 虚函数

当派生类中的成员和基类的成员重名的时候，会出现 3 种情况：隐藏、重载、覆盖。
其中，覆盖是由虚函数来实现的，指的是派生类函数覆盖基类函数。它的特征有：
（1）不同的范围（分别位于派生类与基类）；
（2）函数名字相同；
（3）参数相同；
（4）基类函数必须有 virtual 关键字；
（5）具有继承性；
（6）virtual 只用来说明类声明中的原型，不能用在函数实现时；
（7）构造函数和静态成员函数不能是虚函数，静态成员函数不能是虚函数，因为静态成员函数没有 this 指针，不受限制于某个对象；构造函数不能是虚函数，因为构造的时候，对象还是一片未定型的空间，只有构造完成后，对象才是具体类的实例。
调用方式：通过基类指针或引用，执行时会根据指针指向的对象的类，决定调用哪个函数。

6.1.2 多态

多态（Polymorphism）按字面的意思就是"多种状态"。在面向对象语言中，接口的多种不同的实现方式即为多态。简单来说，就是一句话：允许将子类类型的指针赋值给父类类型的指针。

C++中的多态性具体体现在运行和编译两个方面。运行时多态是动态多态，其具体引用的对象在运行时才能确定。编译时多态是静态多态，在编译时就可以确定对象使用的形式。

C++中的多态分为静多态和动多态，静动的区别主要在于这种绑定发生在编译期还是运行期，发生在编译期的是静态绑定，也就是静多态；发生在运行期的则是动态绑定，也就是动多态。

静多态可以通过模板和函数重载来实现，而动多态通过虚函数实现。

动多态指的是同一操作作用于不同的对象，可以有不同的解释，产生不同的执行结果。在运行时，可以通过指向基类的指针，来调用实现派生类中的方法。

6.1.3 抽象类与纯虚函数

1. 纯虚函数的定义

在许多情况下，在基类中不能对虚函数给出有意义的实现，而把它说明为纯虚函数。纯虚函数是没有函数体的虚函数，它的实现留给该基类的派生类去做，这就是纯虚函数的作用。

2. 抽象类

带有纯虚函数的类称为抽象类。抽象类是一种特殊的类，它是为了抽象和设计的目的而建立的，它处于继承层次结构的较上层。抽象类是不能定义对象的，在实际中为了强调一个类是抽象类，可将该类的构造函数说明为保护的访问控制权限。

若一个类的构造函数声明为私有的，则该类和该类的派生类都不能创建对象；

若构造函数声明为保护型，则该类不能创建对象，但它的派生类是可以创建对象的。

抽象类只能作为基类来派生新类使用，不能创建抽象类的对象，但抽象类的指针和引用可以指向由抽象类派生出来的类的对象。

从抽象类派生的类必须实现基类的纯虚函数，否则该派生类也不能创建对象。

纯抽象类（接口类）仅仅只含有纯虚函数，不包含任何数据成员。

3. 继承与接口

公有继承的概念实际上包含两个相互独立的部分：函数接口的继承和函数实现的继承。二者之间的差别恰与函数声明和函数实现之间相异之处等价。

（1）有时候会希望派生类只继承成员函数的接口（也就是声明）。

声明一个纯虚函数（Pure Virtual）的目的就是让派生类只继承函数的接口。

纯虚函数在抽象类中没有定义内容，在所有具体的派生类中，必须要对它们进行实现。

（2）有时候会希望派生类在继承接口的同时继承默认的实现，声明一个简单虚函数，即非纯虚函数（Impure Virtual）的目的就是让派生类继承该函数的接口和缺省实现。

（3）继承接口和强制内容的实现。

（4）决不重新定义继承而来的 non-virtual 函数。

6.2 实训——多态与抽象类的应用

6.2.1 实训目的

1. 熟悉继承和派生的概念。
2. 掌握继承和派生类的方法。
3. 熟悉派生中的多态性。
4. 掌握多态在程序中的应用方法。
5. 理解抽象类的概念。
6. 理解和掌握虚函数以及纯虚函数的使用方法。

6.2.2 实训内容与步骤

1. 阅读程序，写出程序的运行结果，并做实验验证，进一步理解基类和派生类之间函数重载的实现方法。

```cpp
#include <iostream>
using namespace std;

class B {
public:
    void func(int) {cout <<"B::func(int)" <<endl; }
    void func(int, int) {cout <<"B::func(int,int)" <<endl; }
};
class D : public B {
public:
    using B::func;
    void func(int,int) {cout <<"D::func(int,int)"<<endl;}
};
int main(){
    D d;
    d.func(1);
    d.func(1,1);
    d.B::func(1,1);
    return 0;
}
```

2. 程序阅读。

（1）阅读程序，写出程序的运行结果，并做实验验证，进一步理解基类和派生类之间同名函数的隐藏机制。

```cpp
#include <iostream>
using namespace std;

class B{
public:
    void fun()
    { cout << "B:: func()" << endl;    }
};
class D : public B{
public:
    void fun()
    { cout << "D:: func()" << endl;}
};
void test(B * t)
{    t->fun();    }
int main() {
    B b;
    D d;
    b.fun();
    d.fun();
    test(&b);
    test(&d);
    return 0;
}
```

（2）如果修改程序中的函数为虚函数，那么运行结果会变成什么？

```cpp
#include <iostream>
using namespace std;

class B{
```

```
public:
    virtual void fun()
    { cout << "B:: func()" << endl;    }
};
class D : public B{
public:
    void fun()
    { cout << "D:: func()" << endl;}
};
void test(B * t)
{    t->fun();    }
int main() {
    B b;
    D d;
    b.fun();
    d.fun();
    test(&b);
    test(&d);
    return 0;
}
```

3. 阅读代码，请问是否能够通过编译，为什么？

```
#include <iostream>
using namespace std;

class B{
public:
    void func(float f) { cout<<f<<endl; }
};
class D : public B{
public:
    void func(string s) {cout<<s<<endl;}
};
int main( )
{
    D d;
    d. func("Hello!");
    d. func(707.7);
    d.B::func(707.7);
    return 0;
}
```

4. 阅读下面的程序，并根据运行结果，把代码补充完整。

```
#include <iostream>
using namespace std;

class A{
public:
    A(int x):n(x) { cout<<"A构造函数"<< n <<endl; }
    void print() { cout<<"A:" << n <<endl; }
    ~A(){ cout<<"A析构函数"<< n <<endl; }
protected:
    int n;
};
class B :   (1)    {
public:
```

```
    B(int x int y):           (2)          ,m(y) { cout<<"B构造函数"<< n <<endl; }
        void print() { cout<<"B:" << m<< " " << n <<endl; }
        ~B(){ cout<<"B析构函数"<< m <<endl; }
    protected:
        int m;
};
void f(A *a) {a-> print();}
int main(){
    A a1(10);
    B b1(5,6);
    f(&a1);
    f(&b1);
    return 0;
}
```

程序运行结果为：

A构造函数10

A构造函数5

B构造函数5

A: 10

A: 5

B析构函数6

A析构函数5

A析构函数10

思考：如果把A类中的void print()函数改为虚函数，那么运行结果会变成什么？为什么？

5. 阅读程序，写出程序的运行结果，并做实验验证，进一步理解虚函数的作用。

```
#include <iostream>
using namespace std;

class B{
public:
    virtual void print() { cout<<"Hello B"<<endl; }
};
class D : public B{
public:
    virtual void print() { cout<<"Hello D"<<endl; }
};
int main(){
    D d;
    B* pb = &d;
    pb->print();
    B& rb = d;
    rb.print();
    return 0;
}
```

6. 在一家人中，有这样的情况，父亲有正式工作，做司机。私下里，会修电视机。父亲对外说自己很会玩，其实什么都不会玩（可以使用虚函数）。

儿子继承了父亲做司机的能力，并且发展了父亲贪玩的特性：打球。同时，儿子有自己的私有数据成员身高height和体重Weight。

根据要求设计程序：

（1）先给出父亲类的定义，完成构造函数的定义；
（2）再给出儿子类的定义，完成构造函数的定义，并实现以下函数：
① 重载 DoWork()函数，实现输出" boy   Drive a car."；
② 实现虚函数 play()，输出"boy Play pingpong."；
③ 定义函数 RepairTV()，其中调用父类 RepairTV( )实现输出"Repair a TV set."。
下面我们来分步骤看一下解题思路。
步骤1：定义父类。

```cpp
class father{
public:
    father(){}
    void DoWork(){
        cout<<"father Drive a car."<<endl;
    }
    virtual void play(){}

    void RepairTV(){
        cout<<"Repair a TV set."<<endl;;
    }

};
```

步骤2：派生出子类。

```cpp
class son:public father{
private:
    int height;
    int weight;
public:
    son(int h=1.8,int w=150):height(h),weight(w){}
    void DoWork(){
        cout<<"boy Drive a car."<<endl;
    }

    void play(){
        cout<<"boy Play pingpong"<<endl;
    }
    void RepairTV(){
        cout<<"boy ";
        father::RepairTV();
    }
};
```

思考：请完成主函数部分，测试各个功能。

7. 设计一个抽象类 Shape，含有计算面积和周长的纯虚函数 Getarea()和 Getperim()，并由该类派生出 Rectangle 类和 Circle 类，实现 Getarea()和 Getperim()函数。并编写主函数测试之。请填充程序所缺代码，使输出如下结果：

```
the Rectangle:
the area is:15
the perimeter is:16
the Circle:
the area is:28.26
the perimeter is:18.84
```

部分代码如下所示：

```
#include<iostream>
using namespace std;
//抽象类
class Shape {
public:
    virtual double Getarea()=0;
    virtual double Getperim()=0;
};
//子类 Circle 继承抽象类 Shape
class Circle: public Shape {
public:
    Circle(double);
    double Getarea();
    double Getperim();
private:
    double a;
};
// Circle 成员函数类外实现
待补充代码段 1

//子类 Rectangle 继承抽象类 Shape
class Rectangle: public Shape {
public:
    Rectangle(double, double);
    double Getarea();
    double Getperim();
private:
    double l;
    double w;
};
//Rectangle 成员函数实现
待补充代码段 2

void displayShape(Shape &object) {
    cout << "the area is:" << object.    << endl;      //调用面积计算公式
    cout << "the perimeter is:" << object.    << endl; //调用周长计算公式
}

int main() {
    Rectangle r1(3, 5);
    cout << "the Rectangle:" << endl;
    待补充代码段 3
    Circle c1(3);
    cout << "the Circle:" << endl;
    //调用 displayShape 输出 c1 的信息
    待补充代码段 4
    return 0;
}
```

8. 定义一个抽象类 Shape，提供计算面积的接口函数 area。并通过派生来生成子类 Triple、Circle、Rect。在每个子类中分别计算三角形、圆形、矩形的面积。以下所给代码实现这些操作。

```
#include <iostream>
using namespace std;
double const pi = 3.14159;
```

```cpp
//基类
class Shape{
public://纯虚函数
    virtual double surface_area()=0;
    virtual double volume()=0;
};

//正方体
class cube: public Shape{
public:

    cube(double l = 0):length(l){}        //构造函数

    double surface_area() {
        return 6 * length * length;
    }
    double volume() {
        return length * length * length;
    }
private:
    double length;    //长
};

class ball: public Shape{
public:

    ball(double l = 0):length(l){}        //构造函数
    double surface_area() {
        return 4 * pi * length * length;
    }
    double volume() {
        return 4 / 3 * pi * length * length * length;
    }
private:
    double length;    //半径
};

//圆柱
class cylinder: public Shape{
private:
    double length;    //半径
    double height;
public:
    cylinder(double l = 0, double h = 0):length(l),height(h){}
    double surface_area() {
    return 2 * pi * length * length + 2 * pi * length * height;
    }
    double volume() {
        return pi * length * length * height;
    }
};
```

思考：（1）请按照要求把程序补充完整。

（2）在所给代码的基础上，设计全局函数 funsurface (Shape *)函数，在函数中使用形参指针调用 surface_area()，设计全局函数 funvolume (Shape *)函数，在函数中使用形参指针调用 volume()函数。在主函数中再分别用 3 个对象做实参，调用以上两个全局函数来输出 3 个对象的面积。

6.2.3 实训总结

通过本次实验，进一步理解继承与派生的概念，以及虚函数的概念。

构造函数和静态成员函数不能是虚函数：静态成员函数不能是虚函数，因为静态成员函数没有 this 指针，不受限制于某个对象；构造函数不能是虚函数，因为构造的时候，对象还是一片未定型的空间，只有构造完成后，对象才是具体类的实例。

掌握虚函数的使用方法，以及静态多态和动态多态的概念。包括派生类公有继承基类时的几种情况：派生类的对象可以赋值给基类的对象，基类的指针对象可以指向派生类对象，基类的引用可以引用派生类的对象。

抽象类是一种特殊的类，它为一个类族提供统一的操作界面，抽象类是为了抽象和设计的目的而建立的，通过建立抽象类可以多态地使用其中的成员函数。

通过本次实验内容，可以了解 C++中抽象类、纯虚函数的基本概念，抽象类包括的纯虚函数，通过派生类来实现，派生类需要对继承而来的抽象类中的所有的纯虚函数进行定义，才是一个具体类，这时就通过派生类创建对象，调用其中的成员方法。

6.3 习题及解析

一、选择题

1. 按解释中的要求在下列程序划线处填入的正确语句是：(　　)。
```
#include <iostream.h>
class Base{
public:
void fun(){cout<<"Base::fun"<<endl; }
};
class Derived:public Base{
public:
void fun()
{_____   //在此空格处调用基类的函数 fun()
cout<<"Derived::fun"<<endl;   }
};
```
  A. fun();   B. Base.fun();   C. Base::fun();   D. Base→fun();

2. 实现运行时的多态性采用(　　)。
  A. 重载函数   B. 构造函数   C. 析构函数   D. 虚函数

3. 下面函数原型声明中，(　　)声明了 fun 为普通虚函数。
  A. void fun()=0;   B. virtual void fun()=0;
  C. virtual void fun();   D. virtual void fun(){};

4. 在下面 4 个选项中，(　　)是用来声明虚函数的。

A. virtual　　　　B. public　　　　C. using　　　　D. false
5. 关于虚函数的描述中，正确的是（　　）。
   A. 虚函数是一个静态成员函数
   B. 虚函数是一个非成员函数
   C. 虚函数既可以在函数说明时定义，也可以在函数实现时定义
   D. 派生类的虚函数与基类中对应的虚函数具有相同的参数个数和类型
6. 在C++中，要实现动态联编，必须使用（　　）调用虚函数。
   A. 类名　　　　B. 派生类指针　　　　C. 对象名　　　　D. 基类指针
7. 下列函数中，不能说明为虚函数的是（　　）。
   A. 私有成员函数　　B. 公有成员函数　　C. 构造函数　　D. 析构函数
8. 当一个类的某个函数被说明为virtual时，该函数在该类的所有派生类中（　　）。
   A. 都是虚函数　　　　　　　　　B. 只有被重新说明时才是虚函数
   C. 只有被重新说明为virtual时才是虚函数　　D. 都不是虚函数
9. （　　）是一个在基类中说明的虚函数，它在该基类中没有定义，但要求任何派生类都必须定义自己的版本。
   A. 虚析构函数　　B. 虚构造函数　　C. 纯虚函数　　D. 静态成员函数
10. 以下基类中的成员函数，哪个表示纯虚函数：（　　）。
    A. virtual void vf(int);　　　　B. void vf(int)=0;
    C. virtual void vf( )=0;　　　　D. virtual void vf(int){ }
11. 下列描述中，（　　）是抽象类的特性。
    A. 可以说明虚函数　　　　　　B. 可以进行构造函数重载
    C. 可以定义友元函数　　　　　D. 不能定义其对象
12. 类B是类A的公有派生类，类A和类B中都定义了虚函数func( )，p是一个指向类A对象的指针，则p→A::func( )将（　　）。
    A. 调用类A中的函数func( )
    B. 调用类B中的函数func( )
    C. 根据p所指的对象类型而确定调用类A中或类B中的函数func( )
    D. 既调用类A中函数，也调用类B中的函数
13. 类定义如下：
```
class A{
    public:
        virtual void func1( ){ }
        void fun2( ){ }
};
class B:public A{
    public:
        void func1( ) {cout<<"class B func1"<<endl;}
        virtual void func2( ) {cout<<"class B func2"<<endl;}
};
```
则下面正确的叙述是（　　）
    A. A::func2( )和B::func1( )都是虚函数
    B. A::func2( )和B::func1( )都不是虚函数
    C. B::func1( )是虚函数，而A::func2( )不是虚函数

D. B::func1( )不是虚函数，而 A::func2( )是虚函数

14. 下列关于虚函数的说明中，正确的是（　　）。
    A. 从虚基类继承的函数都是虚函数   B. 虚函数不得是静态成员函数
    C. 只能通过指针或引用调用虚函数   D. 抽象类中的成员函数都是虚函数

15. 程序如下：
```
#include<iostream>
using namespace std;
class A {
public:
    A( ) {cout<<"A";}
};
class B {public:B( ) {cout<<"B";} };
class C: public A{
    B b;
public:
    C( ) {cout<<"C";}
};
int main( ) {C obj; return 0;}
```
执行后的输出结果是（　　）。
    A. CBA   B. BAC   C. ACB   D. ABC

二、填空题

16. 纯虚函数是一种特别的虚函数，它没有函数的_____部分，也没有为函数的功能提供实现的代码，它的实现版本必须由_____给出，因此纯虚函数不能是_____。

17. 拥有纯虚函数的类就是_____类，这种类不能_____。如果纯虚函数没有被重载，则派生类将继承此纯虚函数，即该派生类也是_____。

18. 类的构造函数_____（可以/不可以）是虚函数，类的析构函数_____（可以/不可以）是虚函数。当类中存在动态内存分配时，经常将类的_____声明成_____。

参考答案

1～5. CDCAD　　　　6～10. DCACC　　　　11～15. DACAD
16. 函数体　派生类　友元函数　　17. 抽象　实例化　抽象类
18. 不可以　可以　析构函数　虚函数

6.4 思考题

1. 虚函数的概念是什么？
2. 什么是多态？
3. 如何区分静态多态和动态多态？
4. 什么是抽象类？
5. 多态在程序设计中有什么作用？

项目 7 I/O 流与文件

7.1 基础知识

对系统指定标准设备的输入和输出,即从键盘输入数据,输出到显示器屏幕。这种输入输出称为标准的输入输出,简称标准 I/O。以外存磁盘文件为对象进行输入和输出,即从磁盘文件输入数据,数据输出到磁盘文件。以外存文件为对象的输入输出称为文件的输入输出,称为文件 I/O。

I/O 流库的类层次结构如图 7-1 所示。

图 7-1 I/O 流库的类层次结构图

7.1.1 输入输出的格式控制

C++输入输出流格式控制在下面分别介绍。
(1)使用控制符控制输出格式见表 7-1。

表 7-1 控制符作用表

控 制 符	作 用
dec	设置整数的基数为 10
hex	设置整数的基数为 16
oct	设置整数的基数为 8
setbase(n)	设置整数的基数为 n(n 只能是 16,10,8 之一)
setfill(c)	设置填充字符 c,c 可以是字符常量或字符变量
setprecision(n)	设置实数的精度为 n 位。在以一般十进制小数形式输出时,n 代表有效数字。在以 fixed(固定小数位数)形式和 scientific(指数)形式输出时,n 为小数位数
setw(n)	设置字段宽度为 n 位

续表

控制符	作用
setiosflags(ios::fixed)	设置浮点数以固定的小数位数显示
setiosflags(ios::scientific)	设置浮点数以科学计数法（即指数形式）显示
setiosflags(ios::left)	输出数据左对齐
setiosflags(ios::right)	输出数据右对齐
setiosflags(ios::shipws)	忽略前导的空格
setiosflags(ios::uppercase)	在以科学计数法输出 E 和十六进制输出字母 X 时，以大写表示
setiosflags(ios::showpos)	输出正数时，给出"+"号
resetiosflags	终止已设置的输出格式状态，在括号中应指定内容
setiosflags(ios::fixed)	设置浮点数以固定的小数位数显示

（2）用流对象的成员控制输出格式见表 7-2。

表 7-2　　　　　　　　　　　成员控制输出格式表

流成员函数	与之作用相同的控制符	作用
precision(n)	setprecision(n)	设置实数的精度为 n 位
width(n)	setw(n)	设置字段宽度为 n 位
fill(c)	setfill(c)	设置填充字符 c
setf( )	setiosflags( )	设置输出格式状态，括号中应给出格式状态，内容与控制符 setiosflags 括号中内容相同
ubsetf( )	resetiosflags( )	终止已设置的输出格式状态
precision(n)	setprecision(n)	设置实数的精度为 n 位
width(n)	setw(n)	设置字段宽度为 n 位

（3）设置格式状态的格式标志见表 7-3。

表 7-3　　　　　　　　　　　设置格式状态的格式标志表

格式标志	作用
ios::left	输出数据在本域宽范围内左对齐
ios::right	输出数据在本域宽范围内右对齐
ios::internal	数值的符号位在域宽内左对齐，数值右对齐，中间由填充字符填充
ios::dec	设置整数的基数为 10
ios::oct	设置整数的基数为 8
ios::hex	设置整数的基数为 16
ios::showbase	强制输出整数的基数（八进制以 0 打头，十六进制以 0x 打头）
ios::showpoint	强制输出浮点数的小点和尾数 0
ios::uppercase	在以科学计数法输出 E 和十六进制输出字母 X 时，以大写表示
ios::showpos	输出正数时，给出"+"号。
ios::scientific	设置浮点数以科学计数法（即指数形式）显示
ios::fixed	设置浮点数以固定的小数位数显示
ios::unitbuf	每次输出后刷新所有流
ios::stdio	每次输出后清除 stdout, stderr

7.1.2 文件

在 C++中,文件流有 3 个,分别是 fstream 文件流、ifstream 输入文件流、ofstream 输出文件流,创建文件,就是把一个文件对象和磁盘上的一个文件建立关联。

在打开文件时,有下列几种模式可选:

ios::in	读
ios::out	写
ios::app	从文件末尾开始写
ios::binary	二进制模式
ios::nocreate	打开一个文件时,如果文件不存在,不创建文件
ios::noreplace	打开一个文件时,如果文件不存在,创建该文件
ios::trunc	打开一个文件,然后清空内容
ios::ate	打开一个文件时,将位置移动到文尾

文件指针位置在 C++中的用法有:

ios::beg	文件头
ios::end	文件尾
ios::cur	当前位置

通过移动文件读写指针,可在文件指定位置进行读写:

```
seekg(绝对位置);              //绝对移动      //输入流操作
seekg(相对位置,参照位置);      //相对操作
tellg();                     //返回当前指针位置
seekp(绝对位置);              //绝对移动      //输出流操作
seekp(相对位置,参照位置);      //相对操作
tellp();                     //返回当前指针位置
```

例如:

```
file.seekg(0,ios::beg);      //让文件指针定位到文件开头
file.seekg(0,ios::end);      //让文件指针定位到文件末尾
file.seekg(10,ios::cur);     //让文件指针从当前位置向文件末尾方向移动 10 个字节
file.seekg(-10,ios::cur);    //让文件指针从当前位置向文件开始方向移动 10 个字节
file.seekg(10,ios::beg);     //让文件指针定位到离文件开头 10 个字节的位置
```

常用的错误判断方法:

(1) good()   如果文件打开成功
(2) bad()   打开文件时发生错误
(3) eof()   到达文件尾

文件的读写,可以使用<<、>>运算符,这两个运算符只能进行文本文件的读写操作,若用于二进制文件可能会产生错误。

还可以使用函数成员 get、put、read、write 等。经常和 read 配合使用的函数是 gcount(),用来获得实际读取的字节数。

读写二进制文件注意事项:

(1) 打开方式中必须指定 ios::binary,否则读写会出错。
(2) 用 read\write 进行读写操作,而不能使用插入、提取运算符进行操作,否则会出错。
(3) 使用 eof()函数检测文件是否读结束,使用 gcount()获得实际读取的字节数。

文件的关闭一般使用成员函数 close，如：f.close();。

7.2 实训——I/O 流的应用

7.2.1 实训目的

1. 熟悉输入/输出流与流类库。
2. 掌握输入/输出流对象的使用，特别是文件流的常用操作方法。
3. 掌握输入/输出流中的常见成员函数的用法。
4. 熟练掌握文件操作的基本步骤。

7.2.2 实训内容与步骤

1. 阅读程序，请问在程序执行完之后有没有在源文件所在的文件夹生成文件，文件里面的内容是什么？

```
#include <iostream>
#include <fstream>
using namespace std;

int main() {
    ofstream in;
    //ios::trunc 表示在打开文件前将文件清空,由于是写入,文件不存在则创建
    in.open("new.txt",ios::trunc);
    int i;
    char a='a';
    for(i=1;i<=26;i++)//将26个数字及英文字母写入文件
    {
        if(i<10)
        {
            in<<"0"<<i<<"\t"<<a<<"\n";
            a++;
        }
        else{
            in<<i<<"\t"<<a<<"\n";
            a++;
        }
    }
    in.close();//关闭文件

    return 0;
}
```

2. 在第 1 题正确执行之后，把生成的 new.txt 文件拷贝到第 2 题源文件所在目录下，运行以下程序，查看结果。

```
#include <iostream>
#include <fstream>
using namespace std;

int main() {
```

```
        char buffer[256];
        fstream out;
        out.open("new.txt",ios::in);
        cout<<"new.txt"<<" 的内容如下:"<<endl;
        while(!out.eof())
        {    //getline(char *,int,char) 表示该行字符达到256个或遇到换行就结束
           out.getline(buffer,256,'\n');
           cout<<buffer<<endl;
        }
        out.close();
        cin.get();   //用来读取回车键的,如果没这一行,输出的结果一闪就消失了
        return 0;
}
```

上面的程序是逐行读取数据,接下来我们把程序修改为以下代码,逐个字符读取数据,请运行程序并查看结果。

```
#include <iostream>
#include <fstream>
using namespace std;

int main() {
    char c;
    fstream out;
    out.open("new.txt",ios::in);
    cout<<"new.txt"<<" 的内容如下:"<<endl;
    while(!out.eof())
    {    out>>c;
         cout<<c;
    }
    out.close();
    cin.get();
    return 0;
}
```

3. 假设在计算机的 C 盘有一个文件名为 new.txt,请根据注释把代码补充完整,并验证运行结果。

```
#include <iostream>
#include <fstream>
using namespace std;

int main() {
    char str[100];
    char s[] = "Hello world !";
    // 定义文件对象,并打开文件C:\\new.txt
    fstream f( "c:\\new.txt");
    if( f.fail() )return 0;
    //把字符数组s中的数据写入文件中去
          (1)        ;
    //往文件里写入一个字符'\n'
    f.put('\n');
    //把字符数组s中的数据再次写入文件中去
          (2)        ;
    f.put('\n');
```

```
    f.seekg(    (3)       );        //把文件指针返回到文件开头

    while(  (4)  ){
        //在文件结束前,把数据读取出来
        f.getline(str,100);
        cout<<str;                  //把读取的内容输出显示在屏幕上
    }
       (5)       ;                  //关闭文件
    return 0;
}
```

4. 阅读程序，解释程序的功能，并指出 A 行和 B 行的作用。

```
#include <iostream>
#include <fstream>
using namespace std;
int main(){
    char filename[256],buf[100];
    fstream sfile,dfile;
    cout<<"输入源文件路径名:"<<endl;
    cin>>filename;

    sfile.open(filename , ios::in);
    while(!sfile){
        cout<<"源文件找不到,请重新输入路径名:"<<endl;
        cin>>filename;
    }
    sfile.open(filename,ios::in);

    cout<<"输入目标文件路径名:"<<endl;
    cin>>filename;
    dfile.open(filename,ios::out);
    if(!dfile){
        cout<<"目标文件创建失败"<<endl;
        return 0;
    }
    while(sfile.getline(buf,100) ){       //A 行
        if(sfile.gcount()<100)
            dfile<<buf<<"\n";              //B 行
        else dfile<<buf;
    }
    sfile.close();
    dfile.close();
    cout<<"完成操作,程序结束!"<<endl;
    return 0;
}
```

思考：设计一个程序，能够完成文件的拷贝，即把一个文本文件从一个目录下拷贝到另一个目录下，程序的运行可参考如下界面。

```
***************************************
******欢迎使用文件拷贝系统********
*    1    拷贝文件                    *
```

```
*       2       系统简介                *
*       0       退出程序                *
```

5. 假设有 10 个非负整数，请把它们存放在一个文件中，之后把其中的偶数找出来并存放到另一个文件中。

步骤 1：假设有 10 个非负整数，请把它们存放在文件 c:/mydata.dat 中，代码如下，请根据注释把代码补充完整。

```
#include <fstream>
#include <iostream>
using namespace std;

int main( ){
    int a,i;
    ofstream outfile("c://mydata.dat",ios::out);
    for(i=0;i<10;i++)
    {
        cout<<"请输入一个非负整数"<<endl;
        (1)            //从键盘输入一个非负整数存放在变量 a 中
        (2)        ;   //把此数存放到文件中去,数字之间以空格隔开
    }
    outfile.close( );
    return 0;
}
```

步骤 2：我们已经在文件 c:/mydata.dat 中存有一批整数，请创建一个文件 c:/somedata.dat，并把第一个文件中的偶数存放进去。代码如下，请找出其中的错误并改正，并查看文件 somedata.dat 中的数据。

```
#include <fstream>
using namespace std;
int main( ){
    int b;
    ifstream infile,outfile;
    infile.open("c://mydata.dat");
    outfile.open("c:/somedata.dat",ios::out);
    infile>>b;
    while(b>=0)
    {
        if(b%2==0)
            outfile<<b<<',';
        infile>>b;
    }
    outfile.close( );
    return 0;
}
```

思考：编写一个程序，从键盘输入一串英文字符并保存到文件 test.dat 中，然后将文件 test.dat 中的所有 A 字母替换为*。

6. 分析、运行下列程序，并根据程序的运行结果，理解 cout 对象的成员函数的控制作用。

```
#include<iostream>
#include<iomanip>
using namespace std;
int main()
{
```

```
    int a=123456;
    cout<<"**1234567890**"<<endl;
    cout<<a<<endl;
    cout.fill('@');
    cout<<setw(10)<<a<<endl;
    cout<<setw(3)<<a<<endl;
    cout.width(12);
    cout<<setfill('&')<<a<<endl;
    cout<<a<<endl;
    cout.width(4);
    cout<<a<<endl;
    cout<<"width:"<<cout.width()<<endl;
    return 0;
}
```

思考： 仿照以上程序，请设计程序，计算并输出斐波那契数列的前 25 项，并通过 setw() 控制每一项的输出，使得输出结果美观清晰。

7. 创建一个 myfile.txt 文件并拷贝到 D:\。填充所缺代码，程序功能：将 d:\myfile.txt 的内容读出，并显示在屏幕上。

```
#include <iostream>
using namespace std;
#include <   (1)   >                      //文件操作的头文件
#include <stdlib.h>                       //abort()函数头文件
int main()
{
    fstream infile(  (2)  ,ios::in);      //以读方式打开文件 d:\myfile.txt
    if (  (3)  )                          //打开文件出错
    {
        cout<<"打开文件时,出现错误!"<<endl;
        abort();                          //结束程序运行
    }

    char ch;
    while (  (4)  )                       //反复读取文件内容，直到文件结束为止
    {
          (5)                             //从文件中读取一个字符，存放在 ch 中
        cout<<ch;                         //输出 ch 内容
    }
    infile. (6) ;                         //关闭文件流
    return 0;
}
```

思考：
（1）文件操作的基本步骤有哪些？
（2）要读取文件内容，需定义输入流还是输出流？怎样读取、显示文件内容？
（3）该程序以逐字符方式读取、显示文件内容，如果改为逐行方式，应如何修改程序代码？

8. 在学生管理中，必然需要把数据存储在磁盘上，我们以一个例子来实现这一功能。定义类 Cstudent，数据成员包括学号（字符数组）、姓名（字符数组）、三门课的成绩（实型数组），成员函数包括从键盘输入一个学生信息，输出一个学生信息到显示器。编写主程序，输入 n 个学生的信息，将用户输入的学生信息写入二进制文件 student.txt 中，然后再从文件中读出并显示在屏幕上。

以下代码实现了类的设计和定义，其中缺少文件操作的函数，请补充完整。

```cpp
#include <iostream>
#include <fstream>           //文件操作的头文件
#include <stdlib.h>          //abort()函数头文件
#include <iomanip>
#include <string>
#include <fstream.h>
using namespace std;

class Cstudent {
public:
    Cstudent() {
    }
    void Display();
    void Set();
    friend void in_file();      //友元函数，实现文件数据的读出
    friend void out_file();     //友元函数，实现文件数据的写入
protected:
    char num[10];
    char name[20];
    float score[3];
};
void Cstudent::Display() {
    cout << setiosflags(ios::fixed);
    cout << setw(10) << name << setw(10) << num << "score: ";
    for (int i = 0; i < 3; i++)
        cout << setw(5) << setprecision(1) << score[i];
    cout << endl;
}
void Cstudent::Set() {
    cout << "请分别输入学号,姓名,再输入三门课成绩"<<"学号和姓名用逗号隔开" << endl;
    cin.get();
    cin.getline(num, 20, ',');
    cin.getline(name, 40, ',');
    cin >> score[0] >> score[1] >> score[2];
}
void out_file() {
    fstream sfile;
    sfile.open("d://student.txt");
        //请补充

    sfile.close();     //关闭文件流
}
void in_file() {
    fstream sfile("d://student.txt");
        //请补充

    sfile.close();     //关闭文件流
}
int main() {
    int n;
    cout << "请选择所需功能：" << endl
        << "1 把学生信息保存到文件中" << endl
            << "2 从文件中读取学生信息"
```

```
            << endl;
    cin >> n;
    if (n == 1) {
        out_file();
        cout << "保存结束" << endl;
    } else if (n == 2) {
        in_file();
        cout << "读取数据结束" << endl;
    } else
        cout << "错误" << endl;
    return 0;
}
```

7.2.3 实训总结

通过本实验，我们可以更深入地理解以上概念，更深入地掌握文件和输入输出的操作。

C++中包含几个预定义的标准流对象，它们分别是 cin（标准输入流对象）、cout（标准输出流对象）、clog（带缓冲的标准出错流对象）和 cerr（不带缓冲的标准出错流对象）。C++提供了两种进行格式控制的方法：一种方法是使用 ios 类中定义的各种格式状态标志或各种有关格式控制的成员函数进行 I/O 格式控制；另一种方式是使用称为流操纵符的特殊类型的函数进行 I/O 格式控制。

C++中文件输入输出的基本过程如下：
（1）在程序中要包含头文件 fstream.h；
（2）创建一个文件流；
（3）将这个文件流与文件相关联，即打开文件；
（4）进行文件的读写操作；
（5）关闭文件。

7.3 习题及解析

一、选择题

1. 下列关于文件操作的叙述中，不正确的是（　　）。
   A. 打开文件的目的是使文件对象与磁盘文件建立联系
   B. 文件读写过程中，程序将直接与磁盘文件交换数据
   C. 关闭文件的目的之一是释放内存中的文件对象
   D. 关闭文件的目的之一是使数据存盘

2. 在 C++中，打开一个文件，就是将这个文件与一个（　　）建立关联；关闭一个文件，就取消这种关联。
   A. 类　　　　　　B. 流　　　　　　C. 对象　　　　　　D. 结构

3. 在程序中，如果要进行文件操作，则需要包含（　　）文件。
   A. iostream.h　　B. fstream.h　　C. stdio.h　　D. stdlib.h

4. 当使用 ifstream 流类定义一个流对象并打开一个磁盘文件时，默认的打开方式是（　　）。
   A. ios::in　　　　B. ios::out　　　C. ios::trunk　　　D. ios::binary

5. 磁盘文件操作中，（　　）是以追加方式打开文件的。
   A. in　　　　　　　B. out　　　　　　　C. app　　　　　　　D. ate
6. 下列（　　）函数是对文件进行写操作的。
   A. get　　　　　　 B. read　　　　　　 C. seekg　　　　　　D. put
7. C++语言本身没有定义 I/O 操作，但 I/O 操作包含在 C++实现中，C++标准库 iostream.h 提供了基本结构。I/O 操作分为两个类：istream 和（　　）。
   A. iostream　　　　B. iostream.h　　　 C. ostream　　　　　D. cin
8. cin 在程序中是用来处理标准输入的，它是（　　）的一个对象。
   A. isteam　　　　　B. ostream　　　　　C. cerr　　　　　　 D. clog
9. 若定义 cin>>str;，当输入为：My Hello World！，结果是 str =（　　）。
   A. My Hello World！　　　　　　　　　　B. My Hello
   C. My　　　　　　　　　　　　　　　　 D. My Hello World
10. 使用如 setw 设置输出数据的宽度，程序应该包含（　　）文件。
    A. iostrean.h　　　B. fstream.h　　　　C. iomanip.h　　　　D. stdlib.h

二、填空题

11. 写出语句 cout<<setw(3)<<25<<oct<<25<<endl; 的输出结果_____。
12. 写出语句 cout<<setw(8)<<setprecision(5)<<0.12345678<<endl;的运行结果_____。
13. 写出如下程序的运行结果_____。

```
#include <iostream>
#include <iomanip>
using namespace std;
int main(){
    int n=15;
    cout<<hex<<n<<endl;
    cout<<dec<<setfill('*')<<setw(8)<<12345<<endl;
    return 0;
}
```

参考答案

1～5. BCBAC　　　　　　6～10. DCAAC
11. <空格>2531<换行>　　12. <空格>0.12346<换行>
13. f<换行>***12345<换行>

7.4　思考题

1. 文本文件和二进制文件有什么不同和相同之处？
2. 操作一个文件需要哪些步骤？

项目 8 异常

8.1 基础知识

1. 异常的概念

异常处理就是处理程序中的错误。

程序中的错误分为编译时的错误和运行时的错误。编译时的错误主要是语法错误，比如：句尾没有加分号，括号不匹配，关键字错误等，这类错误比较容易修改，因为编译系统会指出错误在第几行，什么错误。而运行时的错误则不容易修改，因为其中的错误是不可预料的，或者可以预料但无法避免的，比如内存空间不够，或者在调用函数时，出现数组越界等错误。如果对于这些错误没有采取有效的防范措施，那么往往会得不到正确的运行结果，程序不正常终止或严重的会出现死机现象。我们把程序运行时的错误统称为异常，对异常进行处理称为异常处理。

在《The C++ Programming Language》中，C++之父 Bjarne Stroustrup 说过：The fundamental idea is that a function that finds a problem it cannot cope with throws an exception, hoping that its (direct or indirect) caller can handle the problem.大概的意思是：提供异常的基本目的就是为了处理程序中的问题，处理的思想是让一个函数在发现了自己无法处理的错误时抛出（throw）一个异常，然后它的（直接或者间接）调用者能够处理这个问题。

在 C++书籍《C++ primer》中也写过，要把问题检测和问题处理相分离。（Exceptions let us separate problem detection from problem resolution.）

2. 异常的处理方式

在 C 语言中，对错误的处理总是围绕着两种方法：一是使用整型的返回值标识错误；二是使用 errno 宏（可以简单地理解为一个全局整型变量）去记录错误。当然 C++中仍然是可以用这两种方法的。

这两种方法最大的缺陷就是会出现不一致问题。例如有些函数返回 1 表示成功，返回 0 表示出错；而有些函数返回 0 表示成功，返回非 0 表示出错。

还有一个缺点就是函数的返回值只有一个，通过函数的返回值表示错误代码，那么函数就不能返回其他的值。

在 C++中，处理异常的方式是根据抛出异常的数据类型类判定异常的种类，进而来处理。处理的过程是这样的：在执行程序发生异常，可以不在本函数中处理，而是抛出一个错误信息，把它传递给上一级的函数来解决，上一级解决不了，再传给其上一级，由其上一级处理。如此逐级上传，直到最高一级还无法处理，运行系统会自动调用系统函数 terminate，由它调用 abort 终止程序。这样的异常处理方法使得异常引发和处理机制分离，而不在同一个函数中处理。这使得底层函数只需要解决实际的任务，而不必过多考虑对异常的处理，而把异常处理的任务交给上一层函数去处理。

C++中的异常处理有以下优点：

（1）函数的返回值可以忽略，但异常不可忽略。如果程序出现异常，但是没有被捕获，程序就会终止，这多少会促使程序员开发出来的程序更健壮一点。而如果使用 C 语言的 error 宏或者函数返回值，调用者都有可能忘记检查，从而没有对错误进行处理，结果造成程序莫名其面地终止或出现错误的结果。

（2）整型返回值没有任何语义信息。而异常却包含语义信息，有时你从类名就能够体现出来。

（3）整型返回值缺乏相关的上下文信息。异常作为一个类，可以拥有自己的成员，这些成员就可以传递足够的信息。

（4）异常处理可以在调用跳级。这是一个代码编写时的问题：假设在有多个函数的调用栈中出现了某个错误，使用整型返回码要求在每一级函数中都要进行处理。而使用异常处理的栈展开机制，只需要在一处进行处理就可以了，不需要每级函数都处理。

3. 异常处理的基本语法

C++的异常处理机制由 3 部分组成：try（检查），throw（抛出），catch（捕获）。

抛出异常用 throw，捕获用 try…catch。把需要检查的语句放在 try 模块中，检查语句发生错误，throw 抛出异常，发出错误信息，由 catch 来捕获异常信息，并加以处理。一般 throw 抛出的异常要和 catch 所捕获的异常类型所匹配。异常处理的一般格式为：

```
try{
    被检查语句
    throw 异常
}
catch(异常类型 1){
    进行异常处理的语句 1
}
catch(异常类型 2){
    进行异常处理的语句 2
}
...
```

下面对异常处理补充几点：

（1）try 和 catch 块中必须要用花括号括起来，即使花括号内只有一个语句也不能省略花括号；

（2）try 和 catch 必须成对出现，一个 try_catch 结果中只能有一个 try 块，但可以有多个 catch 块，以便与不同的异常信息匹配；

（3）如果在 catch 块中没有指定异常信息的类型，而用删节号"..."，则表示它可以捕获任何类型的异常信息；

（4）如果 throw 不包括任何表达式，表示它把当前正在处理的异常信息再次抛出，传给其上一层的 catch 来处理；

（5）C++中一旦抛出一个异常，如果程序没有任何的捕获，那么系统将会自动调用一个系统函数 terminate，由它调用 abort 终止程序。

8.2 实训——异常处理的应用

8.2.1 实训目的
1. 理解异常处理的意义。
2. 掌握简单异常处理的方法。

8.2.2 实训内容与步骤
1. 阅读程序，写出程序的运行结果，并深入理解异常处理的机制。

```cpp
#include <iostream>
#include <cmath>
using namespace std;
void f3( ){
    double a=0;
    try { throw a;    }
    catch(float)
    {    cout<<"OK3!"<<endl;  }
    cout<<"end3"<<endl;
}
void f2( ){
    try {    f3( );   }
    catch(int)
    {    cout<<"Ok2!"<<endl;   }
    cout<<"end2"<<endl;
}
void f1( ){
    try     {    f2( );    }
    catch(char)
    {    cout<<"OK1!";}
    cout<<"end1"<<endl;
}
int main( ){
    try{ f1( );          }
    catch(double)
    {    cout<<"OK0!"<<endl;   }
    cout<<"end0"<<endl;
    return 0;
}
```

程序的运行结果如下，请解释为什么。

OK0!
end0

如果对程序做如下修改，请思考运行结果会发生什么改变。

```cpp
#include <iostream>
#include <cmath>
using namespace std;
void f3( ){
    double a=0;
    try { throw a;    }
```

```cpp
        catch(double){
            cout<<"OK3!"<<endl;
            throw;
        }
        cout<<"end3"<<endl;
}
void f2( ){
    try  {    f3( );    }
    catch(int)
    {    cout<<"Ok2!"<<endl;    }
    cout<<"end2"<<endl;
}
void f1( ){
    try     {    f2( );    }
    catch(char)
    {    cout<<"OK1!";}
    cout<<"end1"<<endl;
}
int main( ){
    try{ f1( );         }
    catch(double)
    {    cout<<"OK0!"<<endl;    }
    cout<<"end0"<<endl;
    return 0;
}
```

2. 阅读程序，写出程序的运行结果，并验证。

```cpp
#include <iostream>
using namespace std;

class Test
{
public:
    Test(){ cout<<"Test 类对象构造"<<endl;    }
    ~Test(){ cout<<"Test 类对象析构"<<endl;   }
    };
void tryfun()
{   Test t;
    cout<<"tryfun 抛出一个异常整数值"<<endl;
    throw 100;
}
int main() {
    try
    {
        cout<<"进入 try 语句块,开始调用 tryfun 函数"<<endl;
        tryfun();

    }
    catch(int x)
    {       cout<<"捕捉到异常整数值："<<x<<endl;    }
    cout<<"从这里继续执行程序"<<endl;
    return 0;
}
```

3. 阅读程序，写出程序的运行结果，并验证。

（1）阅读程序，写出运行结果，并思考对象 t 有没有创建成功。
```
#include <iostream>
using namespace std;
void f();
class T{
public:
    T( ){
        cout<<"constructor"<<endl;
        try{
            throw "exception";
        }
        catch(char*){
            cout<<"exception"<<endl;
        }
        throw "exception";
    }
    ~T( ){
        cout<<"destructor";
    }
};
int main(){
    cout<<"main function"<<endl;
    try{
        f( );
    }
    catch(char *){
        cout<<"exception2"<<endl;
    }
    cout<<"main function"<<endl;
    return 0;
}
void f( ){    T  t;    }
```
（2）如果修改程序为以下代码，请问程序是否能通过编译，为什么？
```
#include <iostream>
using namespace std;
class Test{
public:
    int i,j;
    Test(){
        cout<<"constructor"<<endl;
        i = 10;
        try{
            throw "exception";
        }
        catch(char*){
            cout<<"exception"<<endl;
        }
        j = 10;
        throw "exception";
    }
    ~Test( ){
        cout<<"destructor";
    }
};
int main(){
```

```
        cout<<"main function"<<endl;
        try{
            Test t;
        }
        catch(char *){
            cout<<"exception2"<<endl;
        }
        cout<<"t.i = "<<t.i<<"\t"<<"t.j = "<<t.j<<endl;
        cout<<"main function"<<endl;
        return 0;
    }
```

思考：(1) 对象 t 有没有创建成功？(2) 数据成员 i 和 j 有没有被初始化？(3) 析构函数有没有被执行？数据成员 i 和 j 的析构是怎么完成的？

4. 在使用字符串类的过程中，我们需要初始化字符串，使用的是 new，如果操作失败，需要报出异常。我们编写程序来模拟这一过程。

解题思路：以 String 类为例，在 String 类的构造函数中使用 new 分配内存。如果操作不成功，则用 try 语句触发一个 char 类型异常，用 catch 语句捕获该异常。同时将异常处理机制与其他处理方式对内存分配失败这一异常进行处理对比，体会异常处理机制的优点。

请先自行编写代码，再阅读下面的代码。

```
#include <iostream>
#include <cstring>
using namespace std;
class String{
public:
    String(const char*);
    String(const String&);
    ~String();
    void ShowStr(){
        cout<<sPtr<<endl;
    }
private:
    char *sPtr;
};
String::String(const char *s){
    sPtr=new char[strlen(s)+1];
    if(sPtr==NULL)
        throw("Constructor abnormal");
    strcpy(sPtr,s);
}
String::String(const String &copy){
    sPtr=new char[strlen(copy.sPtr)+1];
    if(sPtr==NULL)
        throw("Copy constructor abnormal");
    strcpy(sPtr,copy.sPtr);
}
String::~String(){
    delete[] sPtr;
}
int main(){
    try{
        String str1("This is C++");
        String str2(str1);
```

```
        }
        catch(char* c){
            cout<<c<<endl;
        }
        return 0;
    }
```
运行以上程序，会发现在绝大多数情况下无法看到异常处理的结果。我们来对程序做简单修改，把类中的构造函数修改为以下代码，查看异常处理的情况。
```
String::String(const char *s){
    sPtr=new char[10000000000000000000];
    if(sPtr==NULL)
        throw("Constructor abnormal");
    strcpy(sPtr,s);
}
```
运行程序，可能会导致你的计算机暂时性死机，然后大概会出现以下运行结果：(如果没有出现异常处理的结果，可以把申请内存的数量再扩大一些)
```
Constructor abnormal
```
5. 请在前一题的基础上修改程序，使得程序可以为数组下标溢出给出异常处理。

8.2.3 实训总结

异常处理是一个良好的程序必须要做的事情，对程序中可能存在的问题做出反应，而不是让程序直接中断。通过本实验，掌握异常处理的机制和方法。

8.3 习题及解析

一、选择题

1. 下列关于异常的叙述错误的是（　　　）。
   A. 编译错属于异常，可以抛出
   B. 运行错属于异常
   C. 硬件故障也可当异常抛出
   D. 只要是编程者认为是异常的，都可当异常抛出

2. 关于函数声明 float fun(int a, int b)throw，下列叙述正确的是（　　）。
   A. 表明函数抛出 float 类型异常　　　　B. 表明函数抛出任何类型异常
   C. 表明函数不抛出任何类型异常　　　　D. 表明函数实际抛出的异常

3. 下列叙述错误的是（　　）。
   A. catch(…)语句可捕获所有类型的异常
   B. 一个 try 语句可以有多个 catch 语句
   C. catch(…)语句可以放在 catch 语句组的中间
   D. 程序中 try 语句与 catch 语句是一个整体，缺一不可

4. 下列程序运行结果为（　　）。
```
#include<iostream>
using namespace std;
class S{
```

```
public:
    ~S( ){cout<<"S"<<"\t";    }
};
char fun0() {
    S s1;
    throw('T');
    return '0';
}
void main(){
try{    cout<<fun0()<<"\t";          }
catch(char c)     {
        cout<<c<<"\t";           }
}
```

A. S T　　　　B. O S T　　　　C. O T　　　　D. T

二、填空题

5. C++程序将可能发生异常的程序块放在 try 中，紧跟其后可放置若干个对应的＿＿＿＿＿＿，在前面所说的块中或块所调用的函数中应该有对应的＿＿＿＿＿＿，由它在不正常时抛出异常，如与某一条＿＿＿＿＿＿类型相匹配，则执行该语句。该语句执行完之后，如未退出程序，则执行 catch 后续语句。如没有匹配的语句，则交给 C++标准库中的 termanite 处理。

参考答案

1～4. A C D A　　5. catch　　throw　　catch

8.4 思考题

1. 程序为什么需要异常处理？
2. 异常处理的一般步骤是什么？
3. C++中的异常处理和 C 语言有什么不同？

项目 9 运算符重载

9.1 基础知识

9.1.1 运算符重载定义

C++中预定义的运算符的操作对象只能是基本数据类型。但是很多时候，对于许多用户自定义类型（例如类），也需要类似的运算操作。所以必须在 C++中重新定义这些运算符，赋予已有运算符新的功能，使它能够用于特定类型执行特定的操作。

运算符重载的实质是函数重载，它允许程序员在同一个运算符号上定义功能相似运算对象不同的操作，提供了 C++的可扩展性，也是 C++区别于其他语言的一个特性。

运算符重载是通过创建运算符函数实现的，运算符函数定义了重载的运算符将要进行的操作。运算符函数的定义与其他函数的定义类似，唯一的区别是运算符函数的函数名是由关键字 operator 和其后要重载的运算符符号构成的。

运算符函数定义的一般格式如下：

```
<返回类型说明符> operator <运算符符号>(<参数表>)
{
    <函数体>
}
```

在重载运算符时，必须遵循以下规则。

（1）除了类属关系运算符"."、成员指针运算符".*"、作用域运算符"::"、sizeof 运算符和三目运算符"?:"以外，C++中的所有运算符都可以重载。

（2）重载运算符限制在 C++语言中已有的运算符范围内的允许重载的运算符之中，不能创建新的运算符。

（3）运算符重载实质上是函数重载，因此编译程序对运算符重载的选择遵循函数重载的选择原则。

（4）重载之后的运算符不能改变运算符的优先级和结合性，也不能改变运算符操作数的个数及语法结构。

（5）运算符重载不能改变该运算符用于内部类型对象的含义。它只能和用户自定义类型的对象一起使用，或者用于用户自定义类型的对象和内部类型的对象混合使用时。

（6）运算符重载是针对新类型数据的实际需要对原有运算符进行适当的改造，重载的功能应当与原有功能相类似，避免没有目的地使用重载运算符。

（7）重载运算符的函数不能有默认的参数，否则就改变了运算符的参数个数，与前面第3点相矛盾了。

（8）重载的运算符只能是用户自定义类型，否则就不是重载而是改变了现有的C++标准数据类型的运算符的规则了，会引起混乱的。

（9）用户自定义类的运算符一般都必须重载后方可使用，但有两个例外，运算符"="和"&"不必用户重载。

（10）运算符重载可以通过成员函数的形式，也可以通过友元函数，非成员非友元的普通函数。

9.1.2 运算符重载的形式

运算符重载一般有两种形式：重载为类的成员函数和重载为类的非成员函数。

重载为类的成员函数的运算符重载，一般格式为：

<函数类型> operator <运算符>(<参数表>)
{
<函数体>
}

当运算符重载为类的成员函数时，函数的参数个数比原来的操作数要少一个（后置单目运算符除外），这是因为成员函数用this指针隐式地访问了类的一个对象，它充当了运算符函数最左边的操作数，因此：

（1）双目运算符重载为类的成员函数时，函数只显式说明一个参数。该形参是运算符的右操作数。

（2）前置单目运算符重载为类的成员函数时，不需要显式说明参数，即函数没有形参。

（3）后置单目运算符重载为类的成员函数时，函数要带有一个整型形参。

调用成员函数运算符的格式如下：

<对象名>.operator <运算符>(<参数>)

它等价于：<对象名><运算符><参数>

例如：a+b 等价于 a.operator +(b)。一般情况下，我们采用运算符的习惯表达方式。

一般情况下，运算符重载为非成员函数是类的友元，它的一般格式为：

friend <函数类型> operator <运算符>(<参数表>)
{
<函数体>
}

当运算符重载为类的友元函数时，由于没有隐含的this指针，因此操作数的个数没有变化，所有的操作数都必须通过函数的形参进行传递。函数的参数与操作数自左至右一一对应。

调用友元函数运算符的格式如下：

operator <运算符>(<参数1>,<参数2>)

它等价于： <参数1><运算符><参数2>

例如：a+b 等价于 operator +(a,b)。

在多数情况下，将运算符重载为类的成员函数和类的友元函数都是可以的。但成员函数运算符与友元函数运算符也具有各自的一些特点。

（1）一般情况下，单目运算符最好重载为类的成员函数；双目运算符则最好重载为类的友元函数。

（2）以下一些双目运算符不能重载为类的友元函数：=、()、[]、→。

（3）类型转换函数只能定义为一个类的成员函数而不能定义为类的友元函数。

（4）若一个运算符的操作需要修改对象的状态，选择重载为成员函数较好。

（5）若运算符所需的操作数（尤其是第一个操作数）希望有隐式类型转换，则只能选用友元函数。

（6）当运算符函数是一个成员函数时，最左边的操作数（或者只有最左边的操作数）必须是运算符类的一个类对象(或者是对该类对象的引用)。如果左边的操作数必须是一个不同类的对象，或者是一个内部类型的对象，该运算符函数必须作为一个友元函数来实现。

（7）当需要重载运算符具有可交换性时，选择重载为友元函数。

9.2 实训——运算符重载的实现

9.2.1 实训目的

1. 熟悉运算符重载的意义。
2. 掌握双目运算符的重载方法。
3. 掌握单目运算符的重载方法。
4. 掌握重载为友元函数和成员函数的方法。

9.2.2 实训内容与步骤

1. 阅读程序，写出程序的运行结果。

（1）先来读一下初步的程序。

```
/*********************
 * point.h
 *********************/
#ifndef POINT_H_
#define POINT_H_

class Point
{
private:
    int x,y;
public:
    Point(int a =0 , int b =0);
    Point operator+(const Point& p);         //使用成员函数重载加号运算符
              //使用友元函数重载减号运算符
    friend Point operator-(const Point& p1,const Point& p2);
    Point operator++();                       //成员函数定义自增
    const Point operator++(int x);            //后缀可以返回一个const类型的值
    friend Point operator--(Point& p);        //友元函数定义--
    friend const Point operator--(Point& p,int x);//后缀可以返回一个const类型的值
```

```cpp
};
#endif /* POINT_H_ */

/*******************
 * point.cpp
 *******************/
#include "point.h"
Point::Point(int a , int b){
    x = a;
    y = b;
}
Point Point::operator+(const Point& p){
    return Point( (x+p.x) , (y+p.y));
}
Point Point::operator++(){   //++obj
    x++;
    y++;
    return *this;
}
const Point Point::operator++(int x){  //obj++
    Point temp = *this;
    this->x++;
    this->y++;
    return temp;
}
Point operator--(Point& p){     //--obj
    p.x--;
    p.y--;
    return p;
//前缀形式(--obj)重载的时候没有虚参,通过引用返回*this 或自身引用,
//也就是返回变化之后的数值
}
const Point operator--(Point& p,int x){    //obj--
    Point temp = p;
    p.x--;
    p.y--;
    return temp;
        // 后缀形式 obj--重载的时候有一个 int 类型的虚参,
        //返回原状态的拷贝
}
//友元函数
Point operator-(const Point& p1,const Point& p2){
    return Point( (p1.x-p2.x) , (p1.y-p2.y));
}

/*******************
 * lab9_1.cpp
 *******************/
#include <iostream>
using namespace std;
#include "point.h"

int main() {
    Point p1(2,5),p2(2,6),p3;
```

```
            p3 = p1+p2;
            p3 = p1-p2;
            p1++;
            ++p2;
            p1--;
            --p2;
            return 0;
        }
```

（2）在这个程序的主函数中如果加入这样的语句：cout<<p1;，还是不能正确执行，还需要我们对这个类重载<<和>>运算符。

首先在头文件中 point.h 中的类体里面加上如下函数声明：

```
//使用友元函数重载<<输出运算符
friend ostream & operator<<(ostream& out,const Point & p);
//使用友元函数重载>>输出运算符
friend istream& operator>>(istream& in,Point & p);
```

其次在源文件 point.cpp 中添加函数定义：

```
ostream& operator<<(ostream& out,const Point& p)
{
    out<<" ( "<<p.x<<" , "<<p.y<<" ) ";
    return out;
}
istream& operator>>(istream& in,Point& p)
{
    cout<<"请输入两个整数,以空格隔开"<<endl;
    in>>p.x>>p.y;
    return in;
}
```

最后修改主函数（lab9_1.cpp）。

```
int main() {
    Point p1(2,5),p2(2,6),p3;
    cin>>p3;
    cout<<p3<<endl;

    p3 = p1+p2;
    cout<<p3<<" = "<<p1<<"+"<<p2<<endl;
    p3 = p1-p2;
    cout<<p3<<" = "<<p1<<"-"<<p2<<endl;
    p1++;
    cout<<" p1++ : "<<p1<<endl;
    ++p2;
    cout<<" ++p2 : "<<p2<<endl;
    p1--;
    cout<<" p1-- : "<<p1<<endl;
    --p2;
    cout<<" --p2 : "<<p2<<endl;

    return 0;
}
```

程序的运行结果如下：

请输入两个整数,以空格隔开
8 5
 (8 , 5)

```
( 4 , 11 ) = ( 2 , 5 ) + ( 2 , 6 )
( 0 , -1 ) = ( 2 , 5 ) - ( 2 , 6 )
p1++ : ( 3 , 6 )
++p2 : ( 3 , 7 )
p1-- : ( 2 , 5 )
--p2 : ( 2 , 6 )
```

思考：请仿照以上程序，设计一个描述复数的类，并实现常用的运算符的重载，例如+、-、*、<<、>>等。

2. 已有代码如下，描述了时间类，包括3个私有成员，分别为小时、分钟、秒，在此基础上，重载了自增运算符（++），请阅读程序并验证运行结果。

```
/**************
 * time.h
 **************/
#ifndef TIME_H_
#define TIME_H_
class Time {
public:
    Time(int h = 0, int m = 0, int s = 0);
    void Display();
    Time operator++(); //声明前置自增运算符"++"重载函数
private:
    int hour;
    int minute;
    int sec;
};
#endif /* TIME_H_ */

/**************
 * time.cpp
 **************/
#include<iostream>
#include<iomanip>
using namespace std;
#include "time.h"
Time::Time(int h , int m , int s)
              : hour(h), minute(m),sec(s){  }
void Time::Display() {
    cout << "当前时间: "
         << setw(2)<< hour << "时"
         << setw(2) << minute << "分"
         << setw(2) << sec << "秒" << endl;
}
Time Time::operator++() //定义前置自增运算符"++"重载函数
{
    if (++sec >= 60) {
        sec -= 60; //满60秒进1分钟
        ++minute;
    }
    if (minute >= 60) {
        ++hour;
        minute = 0;
    }
```

```
        if (hour >= 24) {
            hour = 0;
        }
        return *this; //返回当前对象值
    }

/***************
 * lab9_2.cpp
 ***************/
#include<iostream>
#include<iomanip>
using namespace std;
#include "time.h"
int main() {
    Time t1(23, 59, 58);
    Time t;
    int i;
    cout << "测试自增前缀运算" << endl;
    for (t = t1, i = 0; i < 5; i++) {
        ++t;
        t.Display();
    }
    return 0;
}
```

思考：请根据已有代码，补充重载自减运算符（--）为类的成员函数，使得钟表类的对象能进行基于秒数的时间变化，注意自增运算符和自减运算符有前缀运算和后缀运算两种，已经给出的是前置自增，请补充出其他3种形式。

3. 定义一个复数类 Complex，包含2个私有成员 double real、imaginary，分别表示复数的实部和虚部。请定义出复数类的构造函数，同时重载以下函数：

重载加法（+）为复数加上对象，作为类的成员函数。
重载减法（-）为复数减去实数，作为类的友元函数。

```
#include<iostream>
using namespace std;
class Complex {
public:
    Complex() {
        real = 0;
        imag = 0;
    }
    Complex(double r, double i) {
        real = r;
        imag = i;
    }
    void display() {
        cout << "(" << real << " , " << imag << "i)" << endl;
    }
    //函数说明
    Complex operator+(Complex & b);                    //复数加法
    friend Complex operator-(Complex &b, int a);       //复数减去实数
private:
    double real;
    double imag;
};
```

```
int main() {
    Complex c1(1, 2), c2(5, 9);
    Complex c3 = c1 + c2;
    Complex c4 = c2 - 2;
    c3.display();
    c4.display();
    return 0;
}
```
思考：请根据已经给出的代码，把函数定义补充完整，使得程序可以正常运行。

4. 在字符串操作中，经常需要连接两个字符串，即通过"+"实现把两个字符串连接起来。请根据实际情况，重载"+"，使其满足操作：string1=string2+string3。

9.2.3 实训总结

运算符重载是对已有的运算符赋予新的功能，使同一个运算符作用于不同类型的数据，可以产生不同的结果。运算符重载后与该运算符的本来功能不冲突，使用时只需根据运算符出现的位置来判断其具体执行的是哪一种运算。运算符重载增加了C++的可扩充性。

9.3 习题及解析

一、选择题

1. 在下列成对的表达式中，运算结果类型相同的一对是（　　）。
    A. 9.0 / 2.0 和 9.0 / 2   B. 9 / 2.0 和 9 / 2
    C. 9.0 / 2 和 9 / 2   D. 9 / 2 和 9.0 / 2.0

2. 下面运算符中，不能被重载的运算符是（　　）。
    A. <=   B. -   C. ?:   D. [ ]

3. 如果表达式++a 中的"++"是作为成员函数重载的运算符，若采用运算符函数调用格式，则可表示为（　　）。
    A. a.operator++(1)   B. operator++(a)
    C. operator++(a,1)   D. a.operator++()

4. 下列运算符中，（　　）运算符在C++中不能重载。
    A. &&   B. [ ]   C. ::   D. new

5. 下列关于运算符重载的描述中，（　　）是正确的。
    A. 运算符重载可以改变操作数的个数
    B. 运算符重载可以改变优先级
    C. 运算符重载可以改变结合性
    D. 运算符重载不可以改变语法结构

6. 友元运算符 obj1>obj2 被 C++编译器解释为（　　）。
    A. operator>(obj1，obj2)   B. >(obj1，obj2)
    C. obj2. operator：>(obj1)   D. obj1. operator>(obj2)

7. 现需要对list类对象使用的逻辑运算符"=="重载，以下函数声明（　　）是正确的。
    A. list & list::operator==(const list &a);   B. list list::operator==(const list &a);

C. bool list::operator==(const list &a);　　D. bool & list::operator==(const list &a);

8. 以下类中分别说明了"+="和"++"运算符重载函数的原型。如果主函数中有定义：CName m,c,d;，那么，执行语句 c=m++; 时，编译器把 m++ 解释为：（　　）。
```
class CName {    public:   ……
                 fun operator +=( CName );
                 friend fun operator ++( CName &,int);                };
```
A. c.operator++(m);　　　　　　　　　B. m=operator++(m);
C. m.operator++(m);　　　　　　　　　D. operator++(m);

9. 在上一题中，当执行语句 d+=m; 时，C++编译器对语句作如下解释：（　　）。
A. d=operator+=(m);　　　　　　　　　B. m=operator+=(d);
C. d.operator+=(m);　　　　　　　　　D. m.operator+=(d);

10. 在表达式 x+y*z 中，+是作为成员函数重载的运算符，*是作为非成员函数重载的运算符。下列叙述中正确的是（　　）。
A. operator+有两个参数，operator*有两个参数
B. operator+有两个参数，operator*有一个参数
C. operator+有一个参数，operator*有两个参数
D. operator+有一个参数，operator*有一个参数

11. 重载赋值操作符时，应声明为（　　）函数。
A. 友元　　　　B. 虚　　　　C. 成员　　　　D. 多态

12. 在重载一个运算符时，其参数表中没有任何参数，这表明该运算符是（　　）。
A. 作为友元函数重载的1元运算符　　B. 作为成员函数重载的1元运算符
C. 作为友元函数重载的2元运算符　　D. 作为成员函数重载的2元运算符

13. 在成员函数中进行双目运算符重载时，其参数表中应带有（　　）个参数。
A. 0　　　　B. 1　　　　C. 2　　　　D. 3

14. 双目运算符重载为普通函数时，其参数表中应带有（　　）个参数。
A. 0　　　　B. 1　　　　C. 2　　　　D. 3

15. 如果表达式 a+b 中的"+"是作为成员函数重载的运算符，若采用运算符函数调用格式，则可表示为（　　）。
A. a.operator+(b)　　　　　　　　　B. b.operator+(a)
C. operator+(a,b)　　　　　　　　　D. operator(a+b)

16. 如果表达式 a==b 中的"=="是作为普通函数重载的运算符，若采用运算符函数调用格式，则可表示为（　　）。
A. a.operator==(b)　　　　　　　　　B. b.operator==(a)
C. operator==(a,b)　　　　　　　　　D. operator==(b,a)

17. 关于运算符重载，下列说法正确的是（　　）。
A. 所有的运算符都可以重载
B. 通过重载，可以使运算符应用于自定义的数据类型
C. 通过重载，可以创造原来没有的运算符
D. 通过重载，可以改变运算符的优先级

18. 一个程序中数组a和变量k定义为"int a[5][10],k;"，且程序中包含有语句"a(2,5)=++k*3;"，

则此语句中肯定属于重载操作符的是（　　）。

  A．()　　　　　　　B．=　　　　　　　C．++　　　　　　　D．*

19. 假定 K 是一个类名，并有定义"K k; int j;"，已知 K 中重载了操作符 ()，且语句"j=k(3);"和"k(5)=99;"都能顺利执行，说明该操作符函数的原型只可能是（　　）。

  A．K operator ( ) (int);　　　　　　　B．int operator ( )(int);
  C．int & operator ( )(int);　　　　　　D．K operator( )(int);

20. 假定 CM 是一个类名，且 CM 中重载了操作符=，可以实现 CM 对象间的连续赋值，如"m1=m2=m3;"。重载操作符=的函数原型最好是（　　）。

  A．int operaotor=(CM);　　　　　　　B．int operator=(CM);
  C．M operator=(CM);　　　　　　　　D．M & operator=(CM);

21. 下面是重载双目运算符+的普通函数原型，其中最符合+原来含义的是（　　）。

  A．ValueClass operator+(ValueClass, ValueClass);
  B．ValueClass operator+(ValueClass,int);
  C．ValueClass operator+(ValueClass);
  D．ValueClass operator+(int , ValueClass);

22. 下面是重载双目运算符-的成员函数原型，其中最符合-原来含义的是（　　）。

  A．ValueClass ValueClass::operator-(ValueClass);
  B．ValueClass ValueClass::operator-(int);
  C．ValueClass ValueClass::operator-(ValueClass,int);
  D．ValueClass ValueClass::operator-(int,ValueClass);

23. 在重载一运算符时，若运算符函数的形参表中没有参数，则不可能的情况是（　　）。

  A．该运算符是一个单目运算符　　　　B．该运算符函数有一个隐含的参数 this
  C．该运算符函数是类的成员函数　　　　D．该运算符函数是类的友元函数

24. 关于插入运算符<<的重载，下列说法不正确的是（　　）。

  A．运算符函数的返回值类型是 ostream
  B．重载的运算符必须定义为类的成员函数
  C．运算符函数的第一个参数的类型是 ostream
  D．运算符函数有两个参数

二、填空题

25. 在 C++中，运算符的重载有两种实现方法，一种是通过成员函数来实现，另一种则通过_____。

26. 重载"<<"操作符时，应声明为_____函数。

27. 作为类的成员函数重载一个运算符时，参数表中只有一个参数，说明该运算符有_____个操作数。

28. 类 A 的后置自增运算符++以成员函数的形式进行重载，其在类内的函数声明是_____。

29. 运算符重载仍然保持其原来的优先级、_____和_____。

30. 为了满足运算符"+"的可交换性，必须将其重载为_____。

31. 当用成员函数重载双目运算符时，运算符的左操作数必定是_____。

参考答案

1~5. ACDCD 6~10. ACDCC 11~15. CBBCA
16~20. CBACD 21~24. AADB
25. 友元函数 26. 友元 27. 2 28. A operator++(int);
29. 结合性 语法结构 30. 友元函数 31. 对象

9.4 思考题

1. 什么是运算符重载，运算符重载的方法有哪些？
2. 重载运算符的规则有哪些？

项目 10 模板

10.1 基础知识

模板（Template）指 C++程序设计语言中的函数模板与类模板，是一种参数化类型机制。

我们已经学过重载（Overloading），对重载函数而言，C++的检查机制能通过函数参数的不同及所属类的不同，正确调用重载函数。而模板是 C++支持参数化多态的工具，使用模板可以使用户为类或者函数声明一种一般模式，使得类中的某些数据成员或者成员函数的参数、返回值取得任意类型。

使用模板的目的就是能够让程序员编写与类型无关的代码。比如编写了一个交换两个整型 int 类型的 swap 函数，这个函数就只能实现 int 型，对 double、字符这些类型无法实现，要实现这些类型的交换就要重新编写一个 swap 函数。使用模板的目的就是要让这程序的实现与类型无关，比如一个 swap 模板函数，既可以实现 int 型，又可以实现 double 型的交换。

模板是一种对类型进行参数化的工具，通常有两种形式：函数模板和类模板。函数模板针对仅参数类型不同的函数；类模板针对仅数据成员和成员函数类型不同的类。

1. 函数模板的写法

函数模板的一般形式如下：

Template <class 或者也可以用 typename T>
返回类型 函数名（形参表）
{   //函数定义体   }

说明：template 是一个声明模板的关键字，表示声明一个模板关键字 class 不能省略，如果类型形参多于一个，每个形参前都要加 class <类型 形参表>，可以包含基本数据类型，可以包含类类型。

2. 类模板的写法

定义一个类模板：

Template < class 或者也可以用 typename T >
class 类名{
//类定义……
};

说明：其中，template 是声明各模板的关键字，表示声明一个模板，模板参数可以是一个，也可以是多个。

10.2 实训——模板的定义与使用

10.2.1 实训目的

1. 熟悉函数模板和模板函数的概念区别。
2. 掌握函数模板的声明、定义和实例化。
3. 熟悉类模板和模板类的概念区别。
4. 掌握类模板的写法。

10.2.2 实训内容与步骤

1. 阅读以下程序，写出程序的运行结果。
（1）它使用函数重载实现了相加的操作。

```
#include <iostream>
using namespace std;
int add(int x,int y){
    int sum;
    sum=x+y;
    return sum;
}
double add(double x,double y){
    double sum;
    sum=x+y;
    return sum;
}
int main(){
    int a;
    double b;
    a=add(5,10);
    b=add(4.6,8.3);
    cout<<"a = "<<a<<endl;
    cout<<"b = "<<b<<endl;
    return 0;
}
```

（2）下面我们来看如何把程序改为使用函数模板来解决问题，阅读以下程序，深入体会函数模板的说明和使用方法。

```
#include <iostream>
using namespace std;
template<typename T>
T add(T x,T y){
    T sum;
    sum=x+y;
    return sum;
}
int main(){
    int a;
    double b;
```

```
        a=add<int>(5,10);
        b=add<double>(4.6,8.3);
        cout<<"a = "<<a<<endl;
        cout<<"b = "<<b<<endl;
        return 0;
    }
```
思考：请仿照以上程序，写出交换两个变量取值的函数模板，并调用它。

2. 本书项目 2 中的第 9 题是使用函数重载的方法实现了求数组的最大值和数组输入等操作，下面我们来把它改作使用函数模板来实现。

```
#include <iostream>
using namespace std;
//数组输入数据
template<class T>
void Input(T num[] , int n){
    int i = 0;
    cout<<"请依次输入"<<n<<"个数据,以空格隔开"<<endl;
    for(i = 0 ; i<n; i++)
        cin>>num[i];
}
//求数组中的最大值
template<class T>
T max(T num[], int n){
    T m = num[0];
    for(int i=0; i<n; i++)
        if(m<num[i])
            m = num[i];
        return m;
}
int main(){
    const int N = 10;
    int arr_int[N] = { 0 };
    float arr_float[N] = { 0 };
    char str[N];
    string s;
    Input<int>(arr_int,N);           //调用函数,输入数据
    Input<float>(arr_float,N);       //调用函数,输入数据

    int maxint = max<int>(arr_int , N);
    float maxfloat = max<float>(arr_float , N);

    cout<<"整型数组的最大值："<<maxint<<endl;
    cout<<"实型数组的最大值："<<maxfloat<<endl;

    return 0;
}
```

以上程序实现的是根据求数组中最大值的算法定义一个函数模板，在调用函数中把模板实例化，即变成模板函数来进行调用。

思考：请仿照以上程序，定义对数组排序的函数模板。

3. 在程序中，经常需要处理不同数组构成的类，如果对每一种数据类型都定义一个类，实现一个程序可以和如下程序相似。

阅读以下程序，理解对于相似类的定义方法。

步骤1：定义 Array_char 类，用来描述字符类。

```cpp
//*********************
//** Array_char.h    **
//*********************
#ifndef ARRAY_CHAR_H_
#define ARRAY_CHAR_H_

#include <iostream>
#include <string>
using namespace std;
class Array_char{
private:
    int count;
    char *p;
public:
        Array_char(int n, char x);
        void  show();
        void  set(int n, char x);
        void  set(int n, char *b);
        ~Array_char(){
                delete []p;
                cout<<"类模板对象析构"<<endl;      }
};
#endif /* ARRAY_CHAR_H_ */
//*********************
//** Array_char.cpp  **
//*********************
#include <iostream>
#include <string>
using namespace std;
#include"Array_char.h"
Array_char::Array_char(int n, char x){
        count=n;
        p=new char[count];
        for(int i=0;i<=count-1;i++)
                   *(p+i)=x;
        cout<<"类模板对象构造"<<endl;
}
void Array_char:: show(){
    cout<<"对象中的数据容量："<<count<<"   数据：";
    for(int i=0;i<=count-1;i++)
            cout<<*(p+i)<<"  ";
    cout<<endl;
}
void Array_char:: set(int n,char x){
    delete []p;
    count=n;
    p=new char[count];
    for(int i=0;i<=count-1;i++)
            *(p+i)=x;
}
void Array_char:: set(int n,char *b){
    delete []p;
```

```
        count=n;
        p=new char[count];
        for(int i=0;i<=count-1;i++)
                *(p+i)=*(b+i);
}
```

步骤 2：定义 Array_int 类，用来描述整型数据类。

```
//*******************
//**  Array_int.h     **
//*******************
#ifndef ARRAY_INT_H_
#define ARRAY_INT_H_

#include <iostream>
#include <string>
using namespace std;
class Array_int{
private:
    int count;
    int *p;
public:
        Array_int(int n, int x);
        void show();
        void set(int n, int x);
        void set(int n, int *b);
        ~Array_int(){
                delete []p;
                cout<<"类模板对象析构"<<endl;     }
};
#endif /* ARRAY_INT_H_ */
//*******************
//**  Array_int.cpp   **
//*******************
#include <iostream>
#include <string>
using namespace std;
#include"Array_int.h"

Array_int::Array_int(int n, int x){
        count=n;
        p=new int[count];
        for(int i=0;i<=count-1;i++)
                *(p+i)=x;
        cout<<"类模板对象构造"<<endl;
}
void Array_int:: show(){
    cout<<"对象中的数据容量："<<count<<"   数据：";
    for(int i=0;i<=count-1;i++)
            cout<<*(p+i)<<"  ";
    cout<<endl;
}
void Array_int:: set(int n, int x){
    delete []p;
    count=n;
    p=new int[count];
```

```cpp
    for(int i=0;i<=count-1;i++)
            *(p+i)=x;
}
void Array_int:: set(int n,int *b){
    delete []p;
    count=n;
    p=new int[count];
    for(int i=0;i<=count-1;i++)
            *(p+i)=*(b+i);
}
```

步骤 3：书写主函数，测试所有功能。

```cpp
//lab10_3.cpp
#include <iostream>
#include <string>
using namespace std;
#include"Array_int.h"
#include"Array_char.h"
int main()
{
    Array_char a(10,'A');
    a.show();
    char c[20]={'a','b','c','d','e', 'f','g','h','i','j'};
    a.set (20,c);
    a.show ();
    a.set (5,'x');
    a.show ();

    Array_int b(6,10);
    b.show();
    b.set(10,6);
    b.show();
    return 0;
}
```

步骤 4：深入理解以上程序的功能之后，我们来看一下如何把类似的类改为类模板。

```cpp
#include <iostream>
#include <string>
using namespace std;
//类模板的定义
template <class T>
class Array{
private:
    int count;
    T *p;
public:
        Array(int n, T x);
        void show();
        void set(int n, T x);
        void set(int n,T *b);
        ~Array(){
                delete []p;
                cout<<"类模板对象析构"<<endl;    }
};
//类模板的成员函数的定义
template <class T>
```

```cpp
Array<T>:: Array(int n, T x){
        count=n;
        p=new T [count];
        for(int i=0;i<=count-1;i++)
                *(p+i)=x;
        cout<<"类模板对象构造"<<endl;
}
template <class T>
void Array<T>:: show(){
    cout<<"对象中的数据容量: "<<count<<"   数据: ";
    for(int i=0;i<=count-1;i++)
            cout<<*(p+i)<<" ";
    cout<<endl;
}
template <class T>
void Array<T>:: set(int n, T x){
    delete []p;
    count=n;
    p=new T [count];
    for(int i=0;i<=count-1;i++)
            *(p+i)=x;
}
template <class T>
void Array<T>:: set(int n,T *b){
    delete []p;
    count=n;
    p=new T [count];
    for(int i=0;i<=count-1;i++)
            *(p+i)=*(b+i);
}
//主函数，测试功能
int main(){
    Array<char>  a(10,'A');
    a.show();
    char c[20]={'a','b','c','d','e','f','g','h','i','j'};
    a.set (20,c);
    a.show ();
    a.set (5,'x');
    a.show ();

    Array<int> b(6,10);
    b.show();
    b.set(10,6);
    b.show();

    return 0;
}
```

思考：阅读以上程序，写出运行结果并验证。在此基础上，为类增加成员函数，实现例如对数据的排序、数据的输入、数据的输出、在一组数据中查找特定数值等功能。

10.2.3 实训总结

模板是C++实现代码重用的重要方法，它实现了源代码级的重用。通过本次实验的内容，要求了解模板的概念及使用方法，掌握函数模板和类模板的声明和实例化。

10.3 习题及解析

一、选择题

1. 下列对模板的声明，正确的是（　　）。
   A. template<T>
   B. template<class T1,T2>
   C. template<class T1,class T2>
   D. template<C1ass T1,Class T2>

2. 一个（　　）允许用户为类定义一种模式，使得类中的某些数据成员及某些成员函数的返回值能取任意类型。
   A. 函数模板　　　　B. 模板函数　　　　C. 类模板　　　　D. 模板类

3. 类模板的模板参数（　　）。
   A. 只可作为数据成员的类型
   B. 只可作为成员函数的返回类型
   C. 只可作为成员函数的参数类型
   D. 以上三者皆可

4. 下面是一个模板的定义过程，请问是哪一行中出现错误（　　）。
   A. `template <Class Type>`
   B. `Type`
   C. `func(Type a,b)`
   D. `{    return (a>b)?(a):(b);    }`

5. 建立类模板对象的实例化过程为（　　）。
   A. 基类—派生类
   B. 构造函数—对象
   C. 模板类—对象
   D. 模板类—模板函数

6. 关于函数模板，描述错误的是（　　）。
   A. 函数模板必须由程序员实例化为可执行的函数模板
   B. 函数模板的实例化由编译器实现
   C. 一个类定义中，只要有一个函数模板，则这个类是类模板
   D. 类模板的成员函数都是函数模板，类模板实例化后，成员函数也随之实例化

7. 下列的模板说明中，正确的是（　　）。
   A. template<typename T1,T2>
   B. template<class T1,T2>
   C. template<class T1,class T2>
   D. template<typename T1,typename T2>

8. 函数模板定义如下：
   ```
   template <typename T>
   Max( T a, T b ,T &c){c=a+b;}
   ```
   下列选项正确的是（　　）。
   A. `int x, y; char z;`
      `Max(x, y, z);`
   B. `double x, y, z;`
      `Max( x, y, z);`
   C. `int x, y; float z;`
      `Max( x, y, z);`
   D. `float x; double y, z;`
      `Max( x,y, z);`

9. 下列有关模板的描述错误的是（　　）。
   A. 模板把数据类型作为一个设计参数，称为参数化程序设计
   B. 使用时，模板参数与函数参数相同，是按位置而不是名称对应的

    C. 模板参数表中可以有类型参数和非类型参数

    D. 类模板与模板类是同一个概念

10. 类模板的实例化（　　）。

    A. 在编译时进行　　　　　　　　　　B. 属于动态联编

    C. 在运行时进行　　　　　　　　　　D. 在连接时进行

二、填空题

11. C++最重要的特性之一就是代码重用，为了实现代码重用，代码必须具有_____，通用代码需要不受_____的影响，并且可以自动适应数据类型的变化。这种程序设计类型称为_____程序设计。模板就是 C++支持参数化程序设计的一种工具。

12. 编译器通过如下匹配规则确定调用哪一个函数：首先，寻找最符合_____和_____的一般函数，若找到则调用该函数；否则寻找一个_____，将其实例化成一个_____，看是否匹配，如果匹配，就调用该_____；再则，通过_____规则进行参数的匹配。如果还没有找到匹配的函数则调用错误。如果有多于一个函数匹配，则调用产生_____，也将产生错误。

13. 类模板使用户可以为类声明一种模式，使得类中的某些数据成员、某些成员函数的参数、某些成员函数的返回值能取任意类型（包括系统预定类型和用户自定义的类型）。类是对一组对象的公共性质的抽象，而类模板则是对不同类的_____的抽象，因此类模板是属于更高层次的抽象。由于类模板需要一种或多种_____参数，所以类模板也常常称为_____。

参考答案

1~5. CCDCC　　　　　　　　6~10. ADBDA

11. 通用性　　数据　　类型参数化

12. 函数名　　参数类型　　函数模板　　模板函数　　模板函数　　类型转换　　二义性

13. 数据类型　　类型参数化　　类

10.4　思考题

1. 在 C++中为什么要引入模板？
2. 类模板定义的语法格式是什么？
3. 函数模板定义的语法格式是什么？
4. 函数模板和类模板如何被使用？

综合案例一 学生信息管理系统

11.1 实训目的

1. 了解学校中学生的基本信息的查询存储需求。
2. 深入理解面向对象的程序设计思想。
3. 掌握类和对象的使用方法。
4. 掌握指针与链表的使用方法。
5. 掌握项目的整体框架设计。
6. 了解程序设计的基本规范。
7. 本案例适合安排在项目 4 和项目 5 之间，旨在加强对类和对象的理解。

11.2 实训的内容与步骤

在学校工作中，烦琐的数据中有很大一部分是学生的信息，例如学生的学号、年龄、姓名、家庭地址、成绩、课程等信息。

根据面向对象的编程思想，我们可以定义学生类，描述这些数据，如果考虑得更细致，课程也可以定义课程类进行描述。在实现中，会用到静态成员、指针、链表等知识。

考虑在实际使用中，我们常常需要修改一个班级的学生数量，例如增加一个学生，或者去掉一个学生等操作。具体来说包括用户可以在程序中实现增加学生、减少学生、查询学生数量、查询平均分等操作。这里可以使用链表来处理数据。链表的头节点和尾节点都可以使用静态成员来描述，因为代码较多，这里采用多文件的形式书写代码。

步骤 1：创建工程项目，命名为 lab11_1，添加头文件 student.h，并写出类的定义。

```
/**************************
 *      student.h
 **************************/

#ifndef STUDENT_H_
#define STUDENT_H_

#include <string>
```

```cpp
using namespace std;

class student{
private:
    int no;                 //学号
    string name;            //姓名
    int deg;                //成绩
    static int sum;         //静态成员,描述总分
    static int num;         //静态成员,描述学生数量
public:
    student();
    student(int i){}
    void disp();
    int Delete();
    int menu();

    student *next;
    student *prev;

    static student *head;
    static student *tail;
};
#endif /* STUDENT_H_ */
```

步骤2：添加源文件 student.cpp，写出所有成员函数的实现。

```cpp
/*****************
 * student.cpp
 ******************/
#include"student.h"
#include <iostream>
using namespace std;

int student:: sum = 0;
int student:: num = 0;
student * student:: head = NULL;
student * student:: tail = NULL;

student::student()
{
    cout<<"请输入学生的学号,姓名,成绩"<<endl;
    cin>>no>>name>>deg;

    this->next = NULL;
    if(head == NULL)
        head = tail = this;
    else
        {
        tail->next = this;
        tail = this;
        }

        sum+=deg;       //构造函数
        num++;
}
```

```cpp
void student::disp(){
    cout<<"所有学生信息如下: "<<endl;
    prev = head;
    while( prev != NULL ){
        cout<<"no:"<<prev->no<<"\t\t"
            <<"name:"<<prev->name<<"\t\t"
            <<"deg:"<<prev->deg<<endl;
        prev = prev->next;
    }
}

int student::Delete()
{
    cout<<"请输入要删除学生的学号:"<<endl;
    int n;
    cin>>n;
    if(head == NULL)
    {
        cout<<"当前系统中没有学生"<<endl;
        return 0;
    }
    else if(head->no == n)
        {
            head = tail = NULL;
            cout<<"删除成功"<<endl;
            return 0;
        }
    else
    {
        student * p = head;
        prev = head->next;
        while( prev != NULL ){
            if(n == prev->no)
            {
                p->next = prev->next;
                cout<<"删除成功"<<endl;
                return 0;
            }
            p = prev;
            prev = prev->next;
        }
    }
    return 0;
}

int student::menu()
{
    student *s;
    int m = 1;
    while(m)
    {
        cout<<"******************************"<<endl
            <<"******请使用数字选择菜单********"<<endl
            <<"*1 显示所有学生的信息*"<<endl
```

```
              <<"*    2      查询学生数量           *"<<endl
              <<"*    3      查询学生的平均成绩      *"<<endl
              <<"*    4      添加新学生             *"<<endl
              <<"*    5      删除一个学生的信息      *"<<endl
              <<"*    0      退出程序              *"<<endl;
        cin>>m;
        switch(m)
        {
        case 1 :  disp();  break;
        case 2 :  cout<<endl<<"学生的总数量为:"<<num<<endl;
             break;
        case 3 :  cout<<endl<<"平均分: "<<(sum/num)<<endl;
                break;
        case 4 :  s = new student; break;
        case 5 : Delete();    break;
        }
    }
    cout<<"退出程序,谢谢使用!"<<endl;
    return 0;
}
```

步骤3：添加源文件 lab11_1.cpp，在其中写出主函数的定义。

```
/*************************
*     lab11_1.cpp
*************************/
#include"student.h"

int main(){
    student s(1);
    s.menu();
    return 0;
}
```

程序的运行结果如下：

```
*****************************
******请使用数字选择菜单*******
*    1      显示所有学生的信息    *
*    2      查询学生数量         *
*    3      查询学生的平均成绩    *
*    4      添加新学生           *
*    5      删除一个学生的信息    *
*    0      退出程序             *
4
请输入学生的学号,姓名,成绩
1011   john  95
*****************************
******请使用数字选择菜单*******
*    1      显示所有学生的信息    *
*    2      查询学生数量         *
*    3      查询学生的平均成绩    *
*    4      添加新学生           *
```

```
*    5    删除一个学生的信息    *
*    0    退出程序              *
4
请输入学生的学号,姓名,成绩
1013 bob 87
******************************
******请使用数字选择菜单********
*    1    显示所有学生的信息    *
*    2    查询学生数量          *
*    3    查询学生的平均成绩    *
*    4    添加新学生            *
*    5    删除一个学生的信息    *
*    0    退出程序              *
4
请输入学生的学号,姓名,成绩
1014 LiGang 92
******************************
******请使用数字选择菜单********
*    1    显示所有学生的信息    *
*    2    查询学生数量          *
*    3    查询学生的平均成绩    *
*    4    添加新学生            *
*    5    删除一个学生的信息    *
*    0    退出程序              *
4
请输入学生的学号,姓名,成绩
1015 sam 89
******************************
******请使用数字选择菜单********
*    1    显示所有学生的信息    *
*    2    查询学生数量          *
*    3    查询学生的平均成绩    *
*    4    添加新学生            *
*    5    删除一个学生的信息    *
*    0    退出程序              *
1
所有学生信息如下:
no:1011      name:john       deg:95
no:1013      name:bob        deg:87
no:1014      name:LiGang     deg:92
no:1015      name:sam        deg:89
******************************
******请使用数字选择菜单********
*    1    显示所有学生的信息    *
*    2    查询学生数量          *
*    3    查询学生的平均成绩    *
*    4    添加新学生            *
```

```
*     5     删除一个学生的信息      *
*     0     退出程序                *
2

学生的总数量为 : 4
***************************
******请使用数字选择菜单*******
*     1     显示所有学生的信息      *
*     2     查询学生数量            *
*     3     查询学生的平均成绩      *
*     4     添加新学生              *
*     5     删除一个学生的信息      *
*     0     退出程序                *
3

平均分: 90
***************************
******请使用数字选择菜单*******
*     1     显示所有学生的信息      *
*     2     查询学生数量            *
*     3     查询学生的平均成绩      *
*     4     添加新学生              *
*     5     删除一个学生的信息      *
*     0     退出程序                *
5
请输入要删除学生的学号:
1013
删除成功
***************************
******请使用数字选择菜单*******
*     1     显示所有学生的信息      *
*     2     查询学生数量            *
*     3     查询学生的平均成绩      *
*     4     添加新学生              *
*     5     删除一个学生的信息      *
*     0     退出程序                *
1
所有学生信息如下:
no:1011       name:john        deg:95
no:1014       name:LiGang      deg:92
no:1015       name:sam         deg:89
***************************
******请使用数字选择菜单*******
*     1     显示所有学生的信息      *
*     2     查询学生数量            *
*     3     查询学生的平均成绩      *
*     4     添加新学生              *
```

```
*       5     删除一个学生的信息       *
*       0     退出程序                *
0
退出程序,谢谢使用!
```

思考:(1)请运行以上代码,并验证结果。在原有基础上修改程序,使得程序可以按学生的年级来处理学生的信息,例如,查询所有一年级学生信息,增加一个二年级学生等。

(2)请仿照以上程序,设计一个书店管理系统,能够完成图书的进货入库、分类显示、售出出库、库存量等操作。

11.3　实训总结

通过本案例,大家应该建立面向对象编程的基本思想,掌握使用类和对象编程的基本思路,特别是其中涉及的链表相关的操作,熟悉在类中定义的静态成员链表表头、表尾等数据成员的使用方法。

在这个例子的基础上,应该做到举一反三,能够设计出类似的管理系统程序。

11.4　思考题

1. 在类中,哪些成员定义为公有成员,哪些成员定义为私有成员,在访问的时候有什么区别?
2. 类中的哪些成员定义为静态成员,对程序有什么作用?
3. 有什么方法可以替代链表来处理这些数据?

综合案例二
简单格斗游戏

12.1 实训目的

1. 了解角色扮演游戏的设计方法。
2. 深入理解面向对象的程序设计思想。
3. 掌握继承与派生的概念。
4. 深入理解虚函数与多态性的概念。
5. 掌握虚函数的使用方法。
6. 了解程序设计的基本规范。
7. 本案例适合安排在项目 6 之后,旨在加强对多态性的理解。

12.2 实训内容与步骤

C++中的多态性包括静态多态性和动态多态性。我们这里提到的多态指的是动态多态性。C++的动态多态性是 C++实现面向对象技术的基础。具体地说,通过一个指向基类的指针调用虚成员函数的时候,运行时系统将能够根据指针所指向的实际对象调用恰当的成员函数来实现。

根据赋值兼容的特点,用基类类型的指针指向派生类的对象,就可以通过这个指针来使用派生类的成员函数。如果这个函数是普通的成员函数,通过基类类型的指针访问到的只能是基类的同名成员。而如果将它设置为虚函数,则可以使用基类类型的指针访问到指针正在指向的派生类的同名函数。这样,通过基类类型的指针,就可以使属于不同派生类的不同对象产生不同的行为,从而实现运行过程的多态。这就是我们这里所说的多态性。

通常此类指针或引用都声明为基类,它可以指向基类或派生类的对象。通过基类指针或引用调用基类和派生类中的同名虚函数时,若指向一个基类的对象,那么被调用的是基类的虚函数;如果指向一个派生类的对象,那么被调用的是派生类的虚函数,这种机制就叫做"多态"。

动态联编的实现需要如下 3 个条件。
(1)要有说明的虚函数;
(2)调用虚函数操作的是指向对象的指针或者对象引用;或者是由成员函数调用虚函数;
(3)派生类型关系的建立。

这就需要我们知道虚函数的定义方法：只有类的成员函数才能说明为虚函数。因为虚函数仅适用于有继承关系的类对象，所以普通函数不能说明为虚函数。

在类的成员函数的定义中，前面有 virtual 关键字的成员函数就是虚函数。

多态性的实现要求我们增加一个间接层，在这个间接层中拦截对于方法的调用，然后根据指针所指向的实际对象调用相应的方法实现。在这个过程中，增加的这个间接层非常重要，它要完成以下几项工作。

（1）获知方法调用的全部信息，包括被调用的是哪个方法，传入的实际参数有哪些。

（2）获知调用发生时指针（引用）所指向的实际对象。

（3）根据前两步获得的信息，找到合适的方法实现代码，执行调用。

同时，在许多情况下，在基类中不能对虚函数给出有意义的实现，而把它说明为纯虚函数。纯虚函数是没有函数体的虚函数，它的实现留给该基类的派生类去做，这就是纯虚函数的作用。

带有纯虚函数的类称为抽象类。抽象类是一种特殊的类，它是为了抽象和设计的目的而建立的，它处于继承层次结构的较上层。抽象类是不能定义对象的，在实际中为了强调一个类是抽象类，可将该类的构造函数说明为保护的访问控制权限。

接下来我们以一个例子来理解一下多态在程序中的作用。

例如，对各种动物对象如猫、狗、猪等，都有一些共同的行为，比如发出叫声等。我们把这些接口抽象成虚函数放在所谓的抽象基类 Animal 中，具体的动物对象类则继承这个抽象基类：

```
class Animal                    //动物对象的公共抽象基类
{
public:
    virtual void Cry()=0;       //动物对象发出叫声
};
class Cat : public Animal       //具体的动物对象类：猫类
{
public:
    virtual void Cry();
};
class Dog : public Animal       //具体的动物对象类：狗类
{
public:
    virtual void Cry();
};
class Pig: public Animal        //具体的动物对象类：猪类
{
public:
    virtual void Cry();
};
```

多态是通过基类指针或引用指向派生类对象时所调用的虚函数为派生类的虚函数。

```
Animal * p;
p = new Cat;
p-> Cry();    // 调用 Cat:: Cry()
p = new Dog;
p-> Cry();    // 调用 Dog:: Cry()
p = new Pig;
p-> Cry();    // 调用 Pig:: Cry()
```

像上面这样使用多态并没体现出多态的好处，仅仅是对多态基本概念进行了验证。真正要能体现出多态设计的好处，应该将基类指针作为函数参数来用。
```cpp
void MadeSound(Animal *p)
{
    p-> Cry();
}
Cat *pC = new Cat;
MadeSound (pC);
Dog *pD= new Dog;
MadeSound (pD);
Pig *pP = new Pig;
MadeSound (pP);
```
本项目将用一个实例来验证多态对程序可扩展性的重要意义。

在常见的格斗类单机游戏（如拳皇95）中，由玩家控制的角色之间能够互相攻击，攻击敌人时和被攻击时都有相应的动作，该动作是通过对象的成员函数实现的。

游戏中有很多种格斗角色，每种角色都对应一个类，每个角色就是一个对象。在游戏中，由玩家控制的角色之间能够互相攻击，攻击敌人时和被攻击时都有相应的动作，该动作是通过对象的成员函数实现的。在此游戏中我们编辑生成3个角色成为一个组队，分别是Clark（克拉克）、Ralf（拉尔夫）、Heidern（哈迪伦）（这些角色名来自街机游戏拳皇），他们每个角色分别会包含一个Attack成员函数和一个Defend成员函数。

不论是否用多态编程，基本思路如下。

（1）为每个角色类编写Attack、Defend和Hurted成员函数。

（2）Attact函数表现攻击动作，攻击某个角色，并调用被攻击角色的Hurted函数，以减少被攻击角色的生命值，同时也调用被攻击角色的Defend成员函数，遭受被攻击角色反击。

（3）Hurted函数减少自身生命值，并表现受伤动作。

（4）Defend成员函数表现反击动作，并调用被反击对象的Hurted成员函数，使被反击对象受伤。

1. 非多态方法

步骤1：我们首先来完成以上要求代码，下面是以类Clark代码的框架为例作为参考。

```cpp
#include <iostream>
#include <string>
using namespace std;

class Clark;            //前向声明
class Ralf;             //前向声明
class Heidern;          //前向声明
///********************************
// 以下代码为Clark英雄角色的类体部分
class Clark
{
private:
    int nPower ;         //代表攻击力
    int nLifeValue ;     //代表生命值
public:
    Clark();
    void Attack(Ralf *p);
    void Attack(Heidern *p);
    void Attack(Clark *p);
    void Defend(Clark *p);
```

```cpp
        void Defend(Ralf *p);
        void Defend(Heidern *p);
        void Hurted(int nPower);
        int GetLifeValue();    //获取当前生命值
};


//*********************************************
//以下代码为 Clark 英雄角色的成员函数的类外实现
Clark::Clark()
{
    cout<<"正在初始化英雄,请输入初始生命值,单次攻击带给对方的伤害值"<<endl;
    cin>>nLifeValue>>nPower;
    while( nPower <= 0 || nLifeValue <= 0 )
    {
        if( nPower <= 0 )
        {
            cout<<"攻击伤害必须为正整数,请重新输入!";
            cin>>nPower;
        }
        if( nLifeValue <= 0 )
        {
            cout<<"生命值必须为正整数,请重新输入!";
            cin>>nLifeValue;
        }
    }
    cout<<"初始化完成,准备战斗!"<<endl<<endl;
}

void Clark::Attack(Ralf *p)
{
    cout<<"Clark 技能 召唤死灵"<<endl;        //表现攻击动作的代码
    p->Hurted( nPower);
    p->Defend( this);
}
void Clark::Attack(Heidern *p)
{
    cout<<"Clark 技能 召唤死灵"<<endl;        //表现攻击动作的代码
    p->Hurted( nPower);
    p->Defend(this);
}
void Clark::Attack(Clark *p)
{
    cout<<"Clark 攻击技能 召唤死灵"<<endl;     //表现攻击动作的代码
    p->Hurted( nPower);
    p->Defend(this);
}
void Clark::Defend(Clark *p)
{
    if(nLifeValue>0)
    {
        cout<<"Clark 反击技能 圆盾"<<endl;     //表现反击动作的代码
```

```cpp
            p->Hurted( nPower/2);
        }
        else
            ;
}
void Clark::Defend(Ralf *p)
{
    if(nLifeValue>0)
    {
        cout<<"Clark 反击技能 圆盾"<<endl;     //表现反击动作的代码
        p->Hurted( nPower/2);
    }
    else
        ;
}
void Clark::Defend(Heidern *p)
{
    if(nLifeValue>0)
    {
        cout<<"Clark 反击技能 圆盾"<<endl;     //表现反击动作的代码
        p->Hurted( nPower/2);
    }
    else
        ;
}
void Clark::Hurted(int nPower)
{
    nLifeValue -= nPower;
    if(nLifeValue <= 0)
    {
        cout<<"当前英雄死亡"<<endl;
        nLifeValue = 0;
    }
    else
        ;    //cout<<"受到伤害 生命值变为"<<nLifeValue<<endl;
             //表现受伤动作的代码
}
int Clark::GetLifeValue()
{
    return nLifeValue;
}
```

思考：请参考以上代码，完成其他角色的代码设计。

步骤2：下面完成另外两个角色的代码。

```cpp
///*****************************
// 以下代码为Ralf英雄角色的实现
class Ralf
{
private:
    int nPower ;         //代表攻击力
    int nLifeValue ;     //代表生命值
public:
    Ralf();
    void Attack(Clark *p);
```

```cpp
        void Attack(Heidern *p);
        void Attack(Ralf *p);
        void Defend(Ralf *p);
        void Defend(Clark *p);
        void Defend(Heidern *p);
        void Hurted(int nPower);
        int GetLifeValue();    //获取当前生命值
};
//**********************************************
//以下代码为 Ralf 英雄角色的成员函数的类外实现
Ralf::Ralf()
{
    cout<<"正在初始化英雄,请输入初始生命值,单次攻击带给对方的伤害值"<<endl;
    cin>>nLifeValue>>nPower;
    while( nPower <= 0 || nLifeValue <= 0 )
    {
        if( nPower <= 0 )
        {
            cout<<"攻击伤害必须为正整数,请重新输入!";
            cin>>nPower;
        }
        if( nLifeValue <= 0 )
        {
            cout<<"生命值必须为正整数,请重新输入!";
            cin>>nLifeValue;
        }
    }

    cout<<"初始化完成,准备战斗!"<<endl<<endl;
}
void Ralf::Attack(Clark *p)
{
    cout<<"Ralf 技能 旋风双刀"<<endl;          //表现攻击动作的代码
    p->Hurted( nPower);
    p->Defend( this);
}
void Ralf::Attack(Heidern *p)
{
    cout<<"Ralf 技能 旋风双刀"<<endl;          //表现攻击动作的代码
    p->Hurted( nPower);
    p->Defend( this);
}
void Ralf::Attack(Ralf *p)
{
    cout<<"Ralf 技能 旋风双刀"<<endl;          //表现攻击动作的代码
    p->Hurted( nPower);
    p->Defend( this);
}
void Ralf::Defend(Ralf *p)
{
    if(nLifeValue>0)
    {
        cout<<"Ralf 反击技能 天使庇护"<<endl;   //表现反击动作的代码
```

```cpp
            p->Hurted( nPower/2);
        }
        else
            ;
}
void Ralf::Defend(Clark *p)
{
    if(nLifeValue>0)
    {
        cout<<"Ralf 反击技能 天使庇护"<<endl;        //表现反击动作的代码
        p->Hurted( nPower/2);
    }
    else
        ;
}
void Ralf::Defend(Heidern *p)
{
    if(nLifeValue>0)
    {
        cout<<"Ralf 反击技能 天使庇护"<<endl;        //表现反击动作的代码
        p->Hurted( nPower/2);
    }
    else
        ;
}
void Ralf::Hurted(int nPower)
{
    nLifeValue -= nPower;
    if(nLifeValue <= 0)
    {
        cout<<"当前英雄死亡"<<endl;
        nLifeValue = 0;
    }
    else
        ;//cout<<"受到伤害 生命值变为"<<nLifeValue<<endl;
         //表现受伤动作的代码
}
int Ralf::GetLifeValue()
{
    return nLifeValue;
}

///*******************************
// 以下代码为Heidern英雄角色的实现
class Heidern
{
private:
    int nPower ;                                    //代表攻击力
    int nLifeValue ;                                //代表生命值
public:
    Heidern();
    void Attack(Clark *p);
    void Attack(Ralf *p);
    void Attack(Heidern *p);
```

```cpp
        void Defend(Heidern *p);
        void Defend(Clark *p);
        void Defend(Ralf *p);
        void Hurted(int nPower);
        int GetLifeValue();    //获取当前生命值
};

//****************************************************
//以下代码为Heidern英雄角色的成员函数的类外实现
Heidern::Heidern()
{
    cout<<"正在初始化英雄,请输入初始生命值,单次攻击带给对方的伤害值"<<endl;
    cin>>nLifeValue>>nPower;
    while( nPower <= 0 || nLifeValue <= 0 )
    {
        if( nPower <= 0 )
        {
            cout<<"攻击伤害必须为正整数,请重新输入!";
            cin>>nPower;
        }
        if( nLifeValue <= 0 )
        {
            cout<<"生命值必须为正整数,请重新输入!";
            cin>>nLifeValue;
        }
    }

    cout<<"初始化完成,准备战斗!"<<endl<<endl;
}
void Heidern::Attack(Ralf *p)
{
    cout<<"Heidern 技能 魔法球"<<endl;           //表现攻击动作的代码
    p->Hurted( nPower);
    p->Defend( this);
}
void Heidern::Attack(Clark *p)
{
    cout<<"Heidern 技能 魔法球"<<endl;           //表现攻击动作的代码
    p->Hurted( nPower);
    p->Defend( this);
}
void Heidern::Attack(Heidern *p)
{
    cout<<"Heidern 技能 魔法球"<<endl;           //表现攻击动作的代码
    p->Hurted( nPower);
    p->Defend( this);
}
void Heidern::Defend(Heidern *p)
{
    if(nLifeValue>0)
    {
        cout<<"Heidern 反击技能 神圣光环"<<endl;   //表现反击动作的代码
        p->Hurted( nPower/2);
```

```
        }
    else
        ;
}
void Heidern::Defend(Ralf *p)
{
    if(nLifeValue>0)
    {
        cout<<"Heidern 反击技能 神圣光环"<<endl;    //表现反击动作的代码
        p->Hurted( nPower/2);
    }
    else
        ;
}
void Heidern::Defend(Clark *p)
{
    if(nLifeValue>0)
    {
        cout<<"Heidern 反击技能 神圣光环"<<endl;
         //表现反击动作的代码
        p->Hurted( nPower/2);
    }
    else
        ;
}
void Heidern::Hurted(int nPower)
{
    nLifeValue -= nPower;
    if(nLifeValue <= 0)
    {
        cout<<"当前英雄死亡"<<endl;
        nLifeValue = 0;
    }
    else
        ;    //cout<<"受到伤害 生命值变为"<<nLifeValue<<endl;
             //表现受伤动作的代码
}
int Heidern::GetLifeValue()
{
    return nLifeValue;
}
```

步骤3：接下来定义主函数测试程序的功能。例如：

```
void start()
{
    ///开始战斗吧
    cout<<"游戏开始"<<endl;
    Ralf r;
    Heidern h;
    Clark c;
    r.Attack(&h);
    c.Attack(&h);
    h.Attack(&r);
}
```

```cpp
//主函数
int main()
{
    start();
    cout<<"程序结束"<<endl;
    return 0;
}
```

运行结果为:

游戏开始
正在初始化英雄,请输入初始生命值,单次攻击带给对方的伤害值
100 25
初始化完成,准备战斗!

正在初始化英雄,请输入初始生命值,单次攻击带给对方的伤害值
90 30
初始化完成,准备战斗!

正在初始化英雄,请输入初始生命值,单次攻击带给对方的伤害值
100 28
初始化完成,准备战斗!

Ralf 技能 旋风双刀
Heidern 反击技能 神圣光环
Clark 技能 召唤死灵
Heidern 反击技能 神圣光环
Heidern 技能 魔法球
Ralf 反击技能 天使庇护
程序结束

步骤 4:当然步骤 3 里面的代码只是简单测试了程序的功能,并不能控制游戏的进行,接下来修改程序的控制部分代码,实现对战。

```cpp
//全局函数,战斗过程
int start_game()
{
    int n = 1,m=1;
    Clark *chero1;
    Ralf *rhero1;
    Heidern *hhero1;

    Clark *chero2;
    Ralf *rhero2;
    Heidern *hhero2;

    while(n)   //开始创建英雄角色,第1战斗角色
    {
        cout<<endl
            <<"***** 开始创建英雄角色 *******"<<endl
            <<"***** 请选择第1战斗角色 *******"<<endl
            <<"****** 1 Clark *******"<<endl
            <<"****** 2 Ralf ********"<<endl
```

```cpp
                <<"****** 3 Heidern ********"<<endl
                <<"****** 0 退出游戏 ********"<<endl;
        cin>>n;
        if( n >= 0 && n < 4 )
            break;
    }
    //创建第1战斗角色
    switch(n)
    {
    case 0:return 1;
    case 1:  chero1 = new Clark;   break;
    case 2:  rhero1 = new Ralf ;   break;
    case 3:  hhero1 = new Heidern ;break;
    }
    while(m)   //开始创建英雄角色,第2战斗角色
    {
        cout<<endl
            <<"***** 开始创建英雄角色 ********"<<endl
            <<"***** 请选择第2战斗角色 ********"<<endl
            <<"****** 1 Clark ********"<<endl
            <<"****** 2 Ralf ********"<<endl
            <<"****** 3 Heidern ********"<<endl
            <<"****** 0 退出游戏 ********"<<endl;
        cin>>m;
        if( m >= 0 && m < 4 )
                break;
    }
    //创建第2战斗角色
    switch(m)
    {
    case 0:return 1;
    case 1:  chero2 = new Clark;   break;
    case 2:  rhero2 = new Ralf ;   break;
    case 3:  hhero2 = new Heidern ;break;
    }
    //游戏开始
    cout<<endl
            <<"*****     开始游戏     ********"<<endl;
    int fight = 1;   //值
    int fightnum = 1; //战斗次数
    int LifeValue1 = 1 , LifeValue2 = 1;
    while( LifeValue1 >0 && LifeValue2 >0 )
    {
        cout<<endl
                <<"*****现在开始第 "<<fightnum<<" 轮战斗********"<<endl
                <<"***** 请选择主动攻击方 ********"<<endl
                <<"****** 1 第1战斗角色 ********"<<endl
                <<"****** 2 第2战斗角色 ********"<<endl
                <<"****** 0 退出游戏 ********"<<endl;
        cin>>fight;
        if( fight == 1)
```

```cpp
        {
            cout<<"玩家1开始攻击 "<<endl;
            switch(n)
            {
            case 1:
                switch(m)
                {
                case 1:  chero1->Attack(chero2);
                         LifeValue2 = chero2->GetLifeValue();
                         break;
                case 2:  chero1->Attack(rhero2);
                         LifeValue2 = rhero2->GetLifeValue();
                         break;
                case 3:  chero1->Attack(hhero2);
                         LifeValue2 = hhero2->GetLifeValue();
                         break;
                }
                LifeValue1 = chero1->GetLifeValue();
                break;
            case 2:
                switch(m)
                {
                case 1:  rhero1->Attack(chero2);
                         LifeValue2 = chero2->GetLifeValue();
                         break;
                case 2:  rhero1->Attack(rhero2);
                         LifeValue2 = rhero2->GetLifeValue();
                         break;
                case 3:  rhero1->Attack(hhero2);
                         LifeValue2 = hhero2->GetLifeValue();
                         break;
                }
                LifeValue1 = rhero1->GetLifeValue();
                break;
            case 3:
                switch(m)
                {
                case 1:hhero1->Attack(chero2);
                       LifeValue2 = chero2->GetLifeValue();
                       break;
                case 2:hhero1->Attack(rhero2);
                       LifeValue2 = rhero2->GetLifeValue();
                       break;
                case 3:hhero1->Attack(hhero2);
                       LifeValue2 = hhero2->GetLifeValue();
                       break;
                }
                LifeValue1 = hhero1->GetLifeValue();
                break;
            }
        }
        else if(fight == 2 )
        {
            cout<<"玩家2开始攻击 "<<endl;
            switch(m)
```

```cpp
            {
            case 1:
                switch(n)
                {
                case 1:chero2->Attack(chero1);
                        LifeValue1 = chero1->GetLifeValue();
                        break;
                case 2:chero2->Attack(rhero1);
                        LifeValue1 = rhero1->GetLifeValue();
                        break;
                case 3:chero2->Attack(hhero1);
                        LifeValue1 = hhero1->GetLifeValue();
                        break;
                }
                LifeValue2 = chero2->GetLifeValue();
                    break;
            case 2:
                switch(n)
                {
                case 1:rhero2->Attack(chero1);
                        LifeValue1 = chero1->GetLifeValue();
                        break;
                case 2:rhero2->Attack(rhero1);
                        LifeValue1 = rhero1->GetLifeValue();
                        break;
                case 3:rhero2->Attack(hhero1);
                        LifeValue1 = hhero1->GetLifeValue();
                        break;
                }
                LifeValue2 = rhero2->GetLifeValue();
                break;
            case 3:
                switch(n)
                {
                case 1:hhero2->Attack(chero1);
                        LifeValue1 = chero1->GetLifeValue();
                        break;
                case 2:hhero2->Attack(rhero1);
                        LifeValue1 = rhero1->GetLifeValue();
                        break;
                case 3:hhero2->Attack(hhero1);
                        LifeValue1 = hhero1->GetLifeValue();
                        break;
                }
                LifeValue2 = hhero2->GetLifeValue();
                break;
            }
        }
        else if(fight == 0){
            cout<<"异常结束游戏,没有输赢。"<<endl;
            return 1;
        }

cout<<"**第 "<<fightnum<<" 轮战斗结束**"<<endl
    <<"玩家1生命值为 "<<LifeValue1<<endl
```

```cpp
                <<"玩家 2 生命值为 "<<LifeValue2<<endl<<endl;
            fightnum++;
        }

        cout<<endl<<"***************************"<<endl
                <<"本局游戏结束,共进行 "<<fightnum<<" 次攻击"<<endl
                <<"本局游戏的胜利方是:";
        if( LifeValue1 == 0)
            cout<<"游戏玩家 2"<<endl<<endl;
        else if( LifeValue2 == 0)
            cout<<"游戏玩家 1"<<endl<<endl;
        return 1;
}
//全局函数,开始游戏
int start()
{
    int n = 1;
    while(n)
    {
        cout<<"***欢迎进入游戏,请选择操作****"<<endl
                <<"**** 0  开始选择英雄角色**********"<<endl
                <<"**** 1  退出游戏**********"<<endl;
        cin>>n;
        switch(n)
        {
            case 0: break;
            case 1: cout<<"退出游戏,欢迎再来"<<endl; return 1;
            default: break;
        }
    }

    //循环游戏设置
    n = 1;
    while(n)
    {
        n = startgame();
        cout<<endl
                <<"***请选择操作********"<<endl
                <<"**** 0  重新开始游戏********"<<endl
                <<"**** 1  退出游戏********"<<endl;
        cin>>n;
        switch(n)
        {
            case 0: break;
            case 1: cout<<"退出游戏,欢迎再来"<<endl; return 1;
            default: break;
        }
    }
}
```

运行结果演示:

欢迎进入游戏,请选择操作*

```
**** 0  开始选择英雄角色*********
**** 1  退出游戏*********
0

***** 开始创建英雄角色 *******
***** 请选择第1战斗角色 *******
****** 1 Clark *******
****** 2 Ralf ********
****** 3 Heidern *******
****** 0  退出游戏 ********
1
正在初始化英雄,请输入初始生命值,单次攻击带给对方的伤害值
100 30
初始化完成,准备战斗!


***** 开始创建英雄角色 *******
***** 请选择第2战斗角色 *******
****** 1 Clark *******
****** 2 Ralf ********
****** 3 Heidern ********
****** 0  退出游戏 ********
3
正在初始化英雄,请输入初始生命值,单次攻击带给对方的伤害值
120 25
初始化完成,准备战斗!


***** 开始游戏 *******

*****现在开始第 1 轮战斗*******
***** 请选择主动攻击方 *******
****** 1 第1战斗角色 *******
****** 2 第2战斗角色 ********
****** 0  退出游戏 ********
1
玩家1开始攻击
Clark 技能 召唤死灵
Heidern 反击技能 神圣光环
**第 1 轮战斗结束**
玩家1生命值为 88
玩家2生命值为 90


*****现在开始第 2 轮战斗*******
***** 请选择主动攻击方 *******
****** 1 第1战斗角色 *******
****** 2 第2战斗角色 ********
```

****** 0 退出游戏 ********
2
玩家2开始攻击
Heidern 技能 魔法球
Clark 反击技能 圆盾
第 2 轮战斗结束
玩家1生命值为 63
玩家2生命值为 75

*****现在开始第 3 轮战斗*******
***** 请选择主动攻击方 *******
****** 1 第1战斗角色 *******
****** 2 第2战斗角色 ********
****** 0 退出游戏 ********
1
玩家1开始攻击
Clark 技能 召唤死灵
Heidern 反击技能 神圣光环
第 3 轮战斗结束
玩家1生命值为 51
玩家2生命值为 45

*****现在开始第 4 轮战斗*******
***** 请选择主动攻击方 *******
****** 1 第1战斗角色 *******
****** 2 第2战斗角色 ********
****** 0 退出游戏 ********
2
玩家2开始攻击
Heidern 技能 魔法球
Clark 反击技能 圆盾
第 4 轮战斗结束
玩家1生命值为 26
玩家2生命值为 30

*****现在开始第 5 轮战斗*******
***** 请选择主动攻击方 *******
****** 1 第1战斗角色 *******
****** 2 第2战斗角色 ********
****** 0 退出游戏 ********
1
玩家1开始攻击
Clark 技能 召唤死灵

当前英雄死亡
第 5 轮战斗结束
玩家1生命值为 26
玩家2生命值为 0

****
本局游戏结束,共进行 6 次攻击
本局游戏的胜利方是:游戏玩家1

*** 请选择操作 ********
**** 0　重新开始游戏 ********
**** 1　退出游戏 ********
0
程序结束

步骤 5：如果此时进行版本升级（如升级为拳皇 96），我们要增加新角色 Leona（莉安娜），如何编程才能使升级时的代码改动和增加量较小？

考虑到每个原有角色都会和新增加的角色之间对战，则每个类都要做对应的修改，同时需要修改控制对战的函数，下面以 Clark 为例演示修改方法。

```
class Clark
{
private:
int nPower ; //代表攻击力
int nLifeValue ; //代表生命值
public:
    int Attack(Ralf *pKirin)
    {
        ... //表现攻击动作的代码
        pKirin->Hurted( nPower);
        pKirin->Defend( this);
    }
    int Attack(Heidern *pAngel)
    {
        ... //表现攻击动作的代码
        pAngel->Hurted( nPower);
        pAngel->Defend( this);
    }
    int Attack(Leona *pGriffin)
    {
        ... //表现攻击动作的代码
        pGriffin->Hurted(nPower);
        pGriffin->Defend(this);
    }
int Defend(Ralf *pKirin)
    {
        ... //表现反击动作的代码
        pKirin->Hurted( nPower/2);
    }
    int Defend(Heidern *pAngel)
    {
```

```
            ... //表现反击动作的代码
            pAngel->Hurted( nPower/2 );
        }
        int Defend(Leona *pGriffin)
        {
            ... //表现反击动作的代码
            pGriffin->Hurted( nPower/2 );
        }
        int Hurted(int nPower)
        {
            ... //表现受伤动作的代码
            nLifeValue -= nPower;
        }
}
```

思考：请参考所给代码，完成增加新角色的程序代码。

从以上代码中可以看出如果游戏版本升级，增加了新的角色Leona（莉安娜），则程序改动较大，所有已有的角色类的类都需要增加下面两个成员函数，在角色种类多的时候，工作量非常大。

2. 多态方法

步骤1：程序采用多态方法，就意味着先要提取所有类的共有属性，设计出基类。这里我们命名基类为CCreature，为抽象类。

```
class CCreature    //抽象类，基类
{
public:
    virtual void Attack(CCreature *p) = 0;
    virtual void Defend(CCreature *p) = 0;
    virtual void Hurted(int nPower) = 0;
    virtual int GetLifeValue() = 0;          //获取当前生命值
    virtual  ~CCreature(){}
};
```

步骤2：我们来派生出第一个英雄角色Clark类。

```
//*********************************
// 以下代码为Clark英雄角色的类定义
class Clark : public CCreature
{
private:
    int nPower ;                             //代表攻击力
    int nLifeValue ;                         //代表生命值
public:
    Clark();
    void Attack(CCreature *p);
    void Defend(CCreature *p);
    void Hurted(int nPower);
    int GetLifeValue();                      //获取当前生命值
};
//*********************************
// 以下代码为Clark英雄角色的成员函数实现
Clark::Clark()
{
    cout<<"正在初始化英雄,请输入初始生命值,单次攻击带给对方的伤害值"<<endl;
    cin>>nLifeValue>>nPower;
```

```
        while( nPower <= 0 || nLifeValue <= 0 )
        {
            if( nPower <= 0 )
            {
                cout<<"攻击伤害必须为正整数,请重新输入!";
                cin>>nPower;
            }
            if( nLifeValue <= 0 )
            {
                cout<<"生命值必须为正整数,请重新输入!";
                cin>>nLifeValue;
            }
        }

        cout<<"初始化完成,准备战斗!"<<endl<<endl;
}

void Clark::Attack(CCreature *p)
{
    cout<<"Clark 技能 召唤死灵"<<endl;          //表现攻击动作的代码
    p->Hurted( nPower);
    p->Defend( this);
}
void Clark::Defend(CCreature *p)
{
    if(nLifeValue>0)
    {
        cout<<"Clark 反击技能 圆盾"<<endl;      //表现反击动作的代码
        p->Hurted( nPower/2);
    }
    else
        ;
}
void Clark::Hurted(int nPower)
{
    nLifeValue -= nPower;
    if(nLifeValue <= 0)
    {
        cout<<"当前英雄死亡"<<endl;
        nLifeValue = 0;
    }
    else
        ;     //cout<<"受到伤害 生命值变为"<<nLifeValue<<endl;
              //表现受伤动作的代码
}
int Clark::GetLifeValue()
{
    return nLifeValue;
}
```

通过阅读这一段代码,我们就会发现,成员函数的数量减少了很多,派生类的书写变得很简单。

步骤3:仿照 Clark 类的代码,写出 Ralf 类和 Heidern 类的定义。

//*********************************

```cpp
// 以下代码为 Ralf 英雄角色的类定义
class Ralf : public CCreature
{
private:
    int nPower ;            //代表攻击力
    int nLifeValue ;        //代表生命值
public:
    Ralf();
    void Attack(CCreature *p);
    void Defend(CCreature *p);
    void Hurted(int nPower);
    int GetLifeValue();     //获取当前生命值
};
//*********************************************
//以下代码为 Ralf 英雄角色的成员函数的实现
Ralf::Ralf()
{
    cout<<"正在初始化英雄,请输入初始生命值,单次攻击带给对方的伤害值"<<endl;
    cin>>nLifeValue>>nPower;
    while( nPower <= 0 || nLifeValue <= 0 )
    {
        if( nPower <= 0 )
        {
            cout<<"攻击伤害必须为正整数,请重新输入!";
            cin>>nPower;
        }
        if( nLifeValue <= 0 )
        {
            cout<<"生命值必须为正整数,请重新输入!";
            cin>>nLifeValue;
        }
    }

    cout<<"初始化完成,准备战斗!"<<endl<<endl;
}
void Ralf::Attack(CCreature  *p)
{
    cout<<"Ralf 技能 旋风双刀"<<endl;              //表现攻击动作的代码
    p->Hurted( nPower);
    p->Defend( this);
}
void Ralf::Defend(CCreature  *p)
{
    if(nLifeValue>0)
    {
        cout<<"Ralf 反击技能 天使庇护"<<endl;       //表现反击动作的代码
        p->Hurted( nPower/2);
    }
    else
        ;
}
void Ralf::Hurted(int nPower)
{
```

```cpp
        nLifeValue -= nPower;
        if(nLifeValue <= 0)
        {
            cout<<"当前英雄死亡"<<endl;
            nLifeValue = 0;
        }
        else
            ;    //cout<<"受到伤害 生命值变为"<<nLifeValue<<endl;
                //表现受伤动作的代码
}
int Ralf::GetLifeValue()
{
    return nLifeValue;
    }
//*******************************
// 以下代码为Heidern英雄角色的类定义
class Heidern : public CCreature
{
private:
    int nPower ;                    //代表攻击力
    int nLifeValue ;                //代表生命值
public:
    Heidern();
    void Attack(CCreature *p);
    void Defend(CCreature *p);
    void Hurted(int nPower);
    int GetLifeValue();             //获取当前生命值
};
//**********************************
//以下代码为Heidern英雄角色的成员函数的实现
Heidern::Heidern()
{
    cout<<"正在初始化英雄,请输入初始生命值,单次攻击带给对方的伤害值"<<endl;
    cin>>nLifeValue>>nPower;
    while( nPower <= 0 || nLifeValue <= 0 )
    {
        if( nPower <= 0 )
        {
            cout<<"攻击伤害必须为正整数,请重新输入! ";
            cin>>nPower;
        }
        if( nLifeValue <= 0 )
        {
            cout<<"生命值必须为正整数,请重新输入! ";
            cin>>nLifeValue;
        }
    }

    cout<<"初始化完成,准备战斗! "<<endl<<endl;
    }
void Heidern::Attack(CCreature *p)
{
```

161

```cpp
        cout<<"Heidern 技能 魔法球"<<endl;              //表现攻击动作的代码
        p->Hurted( nPower);
        p->Defend( this );
}
void Heidern::Defend(CCreature *p)
{
    if(nLifeValue>0)
    {
        cout<<"Heidern 反击技能 神圣光环"<<endl;    //表现反击动作的代码
        p->Hurted( nPower/2);
    }
    else
        ;
}
void Heidern::Hurted(int nPower)
{
    nLifeValue -= nPower;
    if(nLifeValue <= 0)
    {
        cout<<"当前英雄死亡"<<endl;
        nLifeValue = 0;
    }
    else
        ;           //cout<<"受到伤害 生命值变为"<<nLifeValue<<endl;
                    //表现受伤动作的代码
}
int Heidern::GetLifeValue()
{
    return nLifeValue;
}
```

步骤 4：下面来设计游戏的控制函数。因为采用了多态来解决问题，所有控制函数的设计也变得相对简单。

```cpp
//全局函数，战斗过程
int startgame()
{
    int n = 1,m=1;

    CCreature * play1,*play2;    //分别指向第一玩家,第二玩家

    while(n)    //开始创建英雄角色,第1战斗角色
    {
        cout<<endl
            <<"****** 开始创建英雄角色 *******"<<endl
            <<"****** 请选择第1战斗角色 *******"<<endl
            <<"****** 1 Clark *******"<<endl
            <<"****** 2 Ralf ********"<<endl
            <<"****** 3 Heidern ********"<<endl
            <<"****** 0 退出游戏 ********"<<endl;
        cin>>n;
        if( n >= 0 && n < 4 )
            break;
    }
```

```cpp
//创建第1战斗角色
switch(n)
{
case 0:return 1;
case 1:  play1 = new Clark;    break;
case 2:  play1 = new Ralf ;    break;
case 3:  play1 = new Heidern ;break;
}

while(m)   //开始创建英雄角色,第2战斗角色
{
    cout<<endl
        <<"***** 开始创建英雄角色 *******"<<endl
        <<"***** 请选择第2战斗角色 *******"<<endl
        <<"****** 1 Clark *******"<<endl
        <<"****** 2 Ralf *********"<<endl
        <<"****** 3 Heidern *********"<<endl
        <<"****** 0 退出游戏 *********"<<endl;
    cin>>m;
    if( m >= 0 && m < 4 )
            break;
}

//创建第2战斗角色
switch(m)
{
case 0:return 1;
case 1:  play2 = new Clark;    break;
case 2:  play2 = new Ralf ;    break;
case 3:  play2 = new Heidern ;break;
}

//游戏开始
cout<<endl
        <<"***** 开始游戏 *******"<<endl;

int fight = 1;   //值
int fightnum = 1;  //战斗次数

while( 1 )
{
    cout<<endl
        <<"*****现在开始第 "<<fightnum<<" 轮战斗*******"<<endl
        <<"***** 请选择主动攻击方 *******"<<endl
        <<"****** 1 第1战斗角色 *******"<<endl
        <<"****** 2 第2战斗角色 *********"<<endl
        <<"****** 0 退出游戏 *********"<<endl;
    cin>>fight;
    switch(fight)
    {
```

```cpp
            case 1: cout<<"玩家 1 开始攻击 "<<endl; play1->Attack(play2);    break;
            case 2: cout<<"玩家 2 开始攻击 "<<endl; play2->Attack(play1);    break;
            case 0:   cout<<"异常结束游戏,没有输赢。"<<endl; return 1;
            }

            cout<<"**第 "<<fightnum<<" 轮战斗结束**"<<endl
                <<"玩家 1 生命值为 "<<play1->GetLifeValue()<<endl
                <<"玩家 2 生命值为 "<<play2->GetLifeValue()<<endl;
            fightnum++;

            if( play1->GetLifeValue()<=0 || play2->GetLifeValue()<=0 )
                    break;    //跳出循环判定
        }

        delete play1;
        delete play2;

        cout<<endl<<"**************************"<<endl
            <<"本局游戏结束,共进行 "<<fightnum<<" 次攻击"<<endl
            <<"本局游戏的胜利方是:";
        if( play1->GetLifeValue() == 0)
            cout<<"游戏玩家 2"<<endl<<endl;
        else if( play1->GetLifeValue() == 0)
            cout<<"游戏玩家 1"<<endl<<endl;
        return 1;
}
//全局函数,开始游戏
int start()
{
    int n = 1;
    while(n)
    {
        cout<<"***欢迎进入游戏,请选择操作****"<<endl
            <<"**** 0   开始选择英雄角色**********"<<endl
            <<"**** 1   退出游戏**********"<<endl;
        cin>>n;
        switch(n)
        {
            case 0: break;
            case 1: cout<<"退出游戏,欢迎再来"<<endl; return 1;
            default: break;
        }
    }

    //循环游戏设置
    n = 1;
    while(n)
    {
        n = startgame();    //调用对打函数
        cout<<endl
            <<"*** 请选择操作 ********"<<endl
```

```
                <<"**** 0 重新开始游戏 ********"<<endl
                <<"**** 1 退出游戏 ********"<<endl;
        cin>>n;
        switch(n)
        {
            case 0: break;
            case 1: cout<<"退出游戏,欢迎再来"<<endl; return 1;
            default: break;
        }
    }
}
```

到此为止,一个简单的格斗对打游戏的设计就完成了。请运行程序验证结果。

思考:请根据已给的代码,为游戏增加一个新角色 Leona(莉安娜),并修改对战控制函数,使得游戏可以正常运行。

12.3 实训总结

通过本实验,我们能够加深面向对象编程的多态性特点的理解,熟练掌握抽象类在程序中的作用;继而能够熟练运用多态和抽象类的知识来解决问题;在实际问题处理过程中,深刻体会多态对于增强程序的可扩充性的作用。

通过本实验的 4 个步骤,我们完成了多态和非多态实现增加角色的代码,通过这些实验过程,我们体会到了多态的优点,即通过基类指针作为函数参数来提高程序的可扩展性。

12.4 思考题

1. 多态是通过什么实现的?
2. 多态对于程序扩展有什么优势?
3. 仿照本实验独立完成如下程序设计:家里养了一些宠物,你还可以再养新的宠物,你能叫出家里所有宠物的名字。自拟动物名字,完成基于多态编程思想程序的设计。

ized cascasfarbdge

综合案例三
银行账户管理系统

13.1 实训目的

1. 了解银行账户的基本信息和具体操作过程。
2. 深入理解面向对象的程序设计思想。
3. 掌握文件存储的使用方法。
4. 了解程序设计的基本规范。
5. 本案例适合安排在项目 8 之后,旨在加强对文件存储的理解。

13.2 实训内容与步骤

银行每天要处理大量的存取款事件,做好存取款是银行工作重要的环节。有效地处理这些事务,必然需要计算机的帮助,编写一个银行用户管理系统,可以帮助工作人员有效、准确并且高效实现完成存取事件。

这里我们主要实现开户管理、存取款管理、修改密码、注销等功能。用户的信息保存在一个二进制文件中。每个账户的基本信息包括:卡号、姓名、开户金额、身份证号、地址、电话、密码、确认密码和保存组成,其中开户金额必须是数字,密码和确认密码必须一样是六位数字。

步骤 1: 创建项目工程 bankingHouse,添加 ATM 类,代码文件 ATM.h。

```
/********************
 * ATM.h
 ********************/
#ifndef ATM_H_
#define ATM_H_
class consumer;

class ATM{                        //银行类
public:
    void set_account();           //银行开户功能
    void del_account();           //注销账户功能
    void transfer(int);           //转账功能
```

```cpp
        void enter_account();           //进入用户个人信息功能
        void addmoney(int,float);       //存款功能
        void exitYH();                  // 退出系统
        void functionshow();
        void save();
        void load();                    // 功能界面
    protected:
        consumer *account[100];
        static int acnum;               //账户数
};
#endif /* ATM_H_ */
```

步骤2：实现 ATM 类的所有成员函数，代码见文件 ATM.cpp。

```cpp
/*********************
* ATM.cpp
*********************/
#include<iostream>
#include<fstream>
#include"ATM.h"
#include"consumer.h"
using namespace std;

void ATM::save()
{
    //以输出方式打开文件
    ofstream ofile("bankdat.dat",ios::out);
    //以输出方式打开文件 bankdat.dat,接收从内存输出的数据
    ofstream outfile("bankdat.dat",ios::out);
    int n=0;
    outfile<<acnum<<"  ";
    for(n=0;n<acnum;n++)
    {
        //把信息写入磁盘文件 bankdat.dat
        outfile<<account[n]->ID<<"  ";
        outfile<<account[n]->money<<"  ";
        outfile<<account[n]->name<<"  ";
        outfile<<account[n]->passwd<<"  ";
        outfile<<account[n]->number<<"  ";
        outfile<<account[n]->company<<"  ";
        outfile<<account[n]->address<<"  ";
        outfile<<account[n]->in<<"  ";
    }
    outfile.close();
}
//读入用户信息功能实现
void ATM::load(){
    //以输入方式打开文件
    ifstream infile("bankdat.dat",ios::in);
    if(!infile)
    {
        cerr<<"读取错误,当前无用户信息!"<<endl;
        return;
    }
```

```cpp
        int n=0;
        int id,m;
        string nam,passw;int number;string company;string address;double in;
        infile>>acnum;
        for(n=0;n<acnum;n++)              //全部读入
        {
            infile>>id;                    //从磁盘文件bankdat.dat读入信息
            infile>>m;
            infile>>nam;
            infile>>passw;
            infile>>company;
            infile>>number;
            infile>>address;
            infile>>in;
            account[n]->passwd;
                                           //每读入一个n开辟一段内存
            consumer * acc = new consumer(id,nam,number,in,company,address,passw,m);
            account[n] = acc;              //赋值首地址
        }
        infile.close();
        cout<<"读取资料正常!"<<endl;
}
/*转账功能实现*/
void ATM::transfer(int x){
    int id;
    cout<<"请输入账号:";
    cin>>id;
    int flag = 1;
    int i = 0;
    while((i<acnum)&&(flag))              //查找要转入的账号
    {
        if(id==account[i]->get_id())
            flag = 0;
        else
            i++;
    }
    if(flag)
    {
        cout<<"账号不存在!"<<endl<<endl;
        return ;
    }

    float b;
    cout<<endl<<"请输入你要转账的金额:";
    cin>>b;
    while(b<=0)
    {
        cout<<"请输入正确的数字!"<<endl;
        cout<<"→";
        cin>>b;
    }
    if(account[x]->get_money()<b)         //调用友元类consumer的公有成员函数
```

```cpp
            cout<<"对不起,金额不足!!"<<endl;
        else{
            account[x]->dec_money(b);
            account[i]->add_money(b);
        }
        cout<<"转账成功!!"<<endl;
        return;
}
/*主界面显示*/
void ATM::functionshow(){
    int n;
    do{
        system("cls");
        load();
        cout<<endl<<"请输入相应的操作序号进行操作:"<<endl;
        cout<<"***********************************************************"<<endl;
        cout<<"*                                                         "<<endl;
        cout<<"*                    1. 开户                              "<<endl;
        cout<<"*                                                         "<<endl;
        cout<<"*                    2.账户登录                           "<<endl;
        cout<<"*                                                         "<<endl;
        cout<<"*                    3.账户注销                           "<<endl;
        cout<<"*                                                         "<<endl;
        cout<<"*                    4.退出系统                           "<<endl;
        cout<<"*                                                         "<<endl;
        cout<<"***********************************************************"<<endl;
        cout<<"→";
        cin>>n;
        while(n<1||n>4)
        {
            cout<<"操作错误,请输入正确的操作序号!"<<endl;
            cout<<"→";
            cin>>n;
        }
        switch(n)
        {
        case 1: set_account();          //开户
                break;
        case 2:enter_account();         //登录
                break;
        case 3: del_account();          //注销
                break;
        case 4: exitYH();               //退出
                break;
        }
        cin.get();                      //输入流类istream的成员函数
    }while(true);
}
void ATM::enter_account(){
    int id;
    cout<<"请输入账号:";
```

```cpp
            cin>>id;
            int flag = 1;
            int i = 0;                          //__page_break__
            while((i<acnum)&&(flag))          //循环查找
                {
                    if(id==account[i]->get_id())
                        flag = 0;
                    else
                        i++;
                }
            if(flag)
            {
                cout<<"账号不存在!"<<endl;
                return;
            }
            cout<<"请输入密码:";
            string passw;
            cin>>passw;
            if(passw!=account[i]->get_passwd())
                return;//返回到登录界面
            account[i]->display();
            cin.get();
            cin.get();
            int n;
            do{system("cls");
            cout<<"请选择下列操作: "<<endl;
            cout<<"***********************************************"<<endl;
            cout<<"*                                             *"<<endl;
            cout<<"*              1.查看账户信息                  *"<<endl;
            cout<<"*                                             *"<<endl;
            cout<<"*              2.取款                         *"<<endl;
            cout<<"*                                             *"<<endl;
            cout<<"*              3.存款                         *"<<endl;
            cout<<"*                                             *"<<endl;
            cout<<"*              4.修改密码                     *"<<endl;
            cout<<"*                                             *"<<endl;
            cout<<"*              5.转账                         *"<<endl;
            cout<<"*                                             *"<<endl;
            cout<<"*              6.返回上一菜单                  *"<<endl;
            cout<<"*                                             *"<<endl;
            cout<<"***********************************************"<<endl;
            cout<<"→";

            cin>>n;
            switch(n)    {
            case 1: account[i]->display();break;
            case 2: account[i]->fetchmoney();save();break;
            case 3:account[i]->savemoney();save();break;
            case 4:account[i]->change_passwd();save();break;
            case 5:transfer(i);save();break;
            case 6:return;
            }
```

```cpp
        cin.get();
        cin.get();
    }while(1);
}
void ATM::set_account()
{
    int id;
    string nam;
    string passw;
    float m;
    string company;
    string address;
    int number;
    double in;

    cout<<"请输入开户号："<<endl;
    cin>>id;
    cout<<"请输入开户人姓名:"<<endl;
    cin>>nam;
    cout<<"请输入开户密码："<<endl;
    cin>>passw;
    cout<<"请输入存入金额:"<<endl;
    cin>>m;
    cout<<"请输入开户人电话:"<<endl;
    cin>>number;
    cout<<"请输入开户人公司:"<<endl;
    cin>>company;
    cout<<"请输入开户人地址:"<<endl;
    cin>>address;
    cout<<"请输入开户人身份证号码："<<endl;
    cin>>in;
    while(m<=0)
    {
        cout<<"请输入正确的数字!"<<endl;
        cin>>m;
    }
    consumer * acc = new consumer(id,nam,number,in,company,address,passw,m);
    account[acnum] = acc;
    cout<<"开户成功!!"<<endl<<endl;
    acnum++;
    save();
    cin.get();
    return;
}
void ATM::addmoney(int x,float y)
{
    account[x]->money = account[x]->money-y;
}
void ATM::del_account()
{
    int id;
    cout<<endl<<"请输入你要注销的账户号:";
    cin>>id;
```

```
            int flag = 1;
            int i = 0;
            while((i<acnum)&&(flag))          //循环查找
            {
                if(id == account[i]->get_id())
                {
                    flag = 0;
                }
                else{
                    i++;
                }
            }
            if(flag)
            {
                cout<<"该账号不存在,请重新输入!"<<endl;
                return;                       //返回到登陆界面
            }
            for(int j=i;j<acnum;j++)          //所有被删号后的数据重新存储
            {
                account[j] = account[j+1];
            }
            account[acnum-1]=NULL;
            acnum--;  //账号总数自减一次
            cout<<"你的账号已注销!!"<<endl<<endl;
            save();
            cin.get();
            return;
        }
        int ATM::acnum=0;
        void ATM::exitYH()//退出系统
        {
            cout<<endl<<"感谢您对本银行的支持,欢迎下次光临!"<<endl;
            exit(0);
        }
```

步骤3：添加 consumer 类，派生自 ATM 类，代码见文件 consumer.h。

```
/*******************
* consumer.h
*******************/
#ifndef CONSUMER_H_
#define CONSUMER_H_

#include  <string>
#include <iostream>
using namespace std;
#include"ATM.h"

class consumer:public ATM//用户类,继承银行类的属性
{
public:
    friend class ATM;
    consumer(int   id,string   Name,int   Number,double   IN,string   Company,string Address,string PassWord,float m);
    consumer();
```

```cpp
        int get_id();
        void savemoney();           // 取钱
        string get_passwd();        // 取得密码
        void display();
        void fetchmoney();          //取钱
        void change_passwd();
        void add_money(float);      //计算余额
        void dec_money(float);      //计算余额
        float get_money();          //卡卡转账
    private:
        int ID;                     //开户账号
        string passwd;              // 用户密码
        string name;                // 用户姓名
        float money;                //开户金额
         int number;
         string company;
         string address;
         double in;
};
#endif /* CONSUMER_H_ */
```

步骤 4：实现 consumer 类中所有成员函数，代码见文件 consumer.cpp。

```cpp
/*******************
 * consumer.cpp
 *******************/
#include"consumer.h"
consumer::consumer(int id,string Name,int Number,double IN,string Company,string Address,string PassWord,float m)
    {
        ID=id;
        name=Name;
        number=Number;
        in=IN;
        company=Company;
        address=Address;
        money=m;
        passwd=PassWord;
    }
consumer::consumer()
    {
        ID=0;
        name='0';
        number=0;
        in=0;
        company='0';
        address='0';
        money=0;
        passwd='0';
    }
int consumer::get_id(){
    return ID;
}
string consumer::get_passwd(){    // 取得密码
```

```cpp
        return passwd;
}
void consumer::add_money(float x){
    money = x+money;
}
void consumer::dec_money(float x){
    money = money-x;
}
float consumer::get_money(){
    return money;
}
void consumer::change_passwd()
{
    string pwd,repwd;
    cout<<"请输入新密码: ";
    cin>>pwd;
    cout<<"请再输入一次新密码: ";
    cin>>repwd;
    if(pwd!=repwd)
        cout<<"两次密码不一样,按输入键返回上一层菜单!"<<endl;
    else
        cout<<"密码修改成功,请牢记!"<<endl;cin.get();
}
/*账户金额计算*/
void consumer::fetchmoney()
{
    float m;
    char ch;
    do
    {
        cout<<endl<<"输入取款金额:"<<"¥>"<<endl ;
        cin>>m;
        while(m<=0)
        {
            cout<<"请输入正确的数字!"<<endl;
            cout<<"→";
            cin>>m;
        }
        if(money<m)
        {
            cout<<"对不起,你的余额不足!"<<endl;
        }
        else {
            money=money-m;
            cout<<endl<<"操作成功,请收好钱!"
                <<endl;
        }
        cout<<"是否要继续该项操作: (Y/N) "
            <<endl;
        cout<<"→";
        cin>>ch;
        while(ch!='n'&&ch!='N'&&ch!='Y'&&ch!='y')//选择错误时判定
```

```cpp
            {
                cout<<"→";
                cin>>ch;
            }
        }while(ch=='y'||ch=='Y');
}
void consumer::savemoney()//存钱函数功能实现
{
    float c;
    char ch;
    do{
     cout<<endl<<"请输入要存入的金额:"<<" ¥ >"<<endl ;
     cin>>c;
     while(c<=0){
            cout<<"输入错误,请重新输入!"<<endl;
            cout<<"→";
            cin>>c;
     }
     money=money+c;
     cout<<"操作已成功!"<<endl;
     cout<<"是否要继续该项操作: (Y/N) "<<endl;
     cout<<"→";
     cin>>ch;
     while(ch!='n'&&ch!='N'&&ch!='Y'&&ch!='y')
     {
            cout<<"→";
            cin>>ch;
     }
    }while(ch=='y'||ch=='Y');
}
void consumer::display()//用户信息界面
{
    system("cls");
    cout<<"**********************************"<<endl;
    cout<<"*"<<endl;
    cout<<"*     用户姓名: "<<name<<endl;
    cout<<"*"<<endl;
    cout<<"*     账号:      "<<ID<<endl;
    cout<<"*"<<endl;
    cout<<"*     余额:      "<<money<<endl;
    cout<<"*"<<endl;
    cout<<"*     按输入键回到上一菜单"<<endl;
    cout<<"*"<<endl;
    cout<<"**********************************"<<endl;
    cout<<"*";
}
```

下面我们看一下运行的效果。

读取资料正常!

请输入相应的操作序号进行操作:
****

```
*
*                        1.开户
*
*                        2.账户登录
*
*                        3.账户注销
*
*                        4.退出系统
*
************************************************************
* 1
请输入开户号:
621226
请输入开户人姓名:
TOM
请输入开户密码:
123456
请输入存入金额:
5000
请输入开户人电话:
18912341234
请输入开户人公司:
SISE
请输入开户人地址:
SISE
请输入开户人身份证号码:
32032219971008
开户成功!!
读取资料正常!
按任意键继续

请输入相应的操作序号进行操作:
************************************************************
*
*                        1.开户
*
*                        2.账户登录
*
*                        3.账户注销
*
*                        4.退出系统
*
************************************************************
* 2
请输入账号:621226
请输入密码:123456


***************************************
*
*       用户姓名: TOM
*
```

```
    *    账号：      621226
    *
    *    余额：      5000
    *
    *    按回车键回到上一菜单
    *
    *******************************
    *
请选择下列操作：
***************************************
    *                               *
    *           1.查看账户信息       *
    *                               *
    *           2.取款              *
    *                               *
    *           3.存款              *
    *                               *
    *           4.修改密码           *
    *                               *
    *           5.转账              *
    *                               *
    *           6.返回上一菜单       *
    *                               *
***************************************
    *
```

其他功能菜单请自行验证。

思考：此处代码只是完成了银行用户的设计和实现，请读者给程序增加管理员账户，管理员能够修改每个用户的基本信息，实现用户的增删改查等功能。

13.3　实训总结

通过本实验使学生熟悉了C++中面向对象的程序设计方法，成员函数的调用的机制，及构造函数和析构函数的使用方法，掌握C++中类和对象的使用方法，并且了解简单银行系统的基本功能。

通过一个实际项目的设计与实现，我们更深入地理解面向对象的编程思想，并逐步掌握程序开发的基本步骤。

13.4　思考题

1. 从用户的角度出发，一个银行管理系统需要哪些功能？从银行的角度出发，系统需要实现哪些管理功能？
2. 如何在系统中通过代码实现保护客户隐私和财产安全的功能？
3. 如果将继承与派生引入此案例，可以使用几层的继承链来完成更为完善的银行管理系统？

参考文献

［1］强锋科技，陈刚. Eclipse 从入门到精通. 北京：清华大学出版社，2005.

［2］Eclipse 下搭建 Android 开发环境. 安卓软件开发网 [引用日期 2013-04-23].

［3］25 个让 Java 程序员更高效的 Eclipse 插件. 中国 Linux 联盟 [引用日期 2012-12-3].

［4］[美] Michael Blaha，James Rumbaugh 著，车皓阳，杨眉 译. UML 面向对象建模与设计（第 2 版）.北京：人民邮电出版社，2011.

［5］[美] 斯特朗斯特鲁普 著，裘宗燕 译. C++程序设计语言. 北京：机械工业出版社，2010.

［6］李晋江，刘培强. C++面向对象程序设计. 北京：清华大学出版社，2012.

［7］田秀霞. C++高级程序设计实验与习题指导. 北京：清华大学出版社，2012.

［8］谭浩强. C++面向对象程序设计题解与上机指导. 北京：清华大学出版社，2006.